U0214316

大数据侦查

Big Data Criminal Investigation

王燃 著

清华大学出版社
北 京

图书在版编目（CIP）数据

大数据侦查/王燃著. —北京：清华大学出版社，2017（2024.12重印）
ISBN 978-7-302-45551-6

Ⅰ. ①大… Ⅱ. ①王… Ⅲ. ①数据处理—研究 Ⅳ. ①TP274

中国版本图书馆 CIP 数据核字（2016）第 270844 号

责任编辑：刘　晶
封面设计：汉风唐韵
责任校对：宋玉莲
责任印制：沈　露

出版发行：清华大学出版社
网　　址：https://www.tup.com.cn，https://www.wqxuetang.com
地　　址：北京清华大学学研大厦 A 座　　**邮　　编**：100084
社 总 机：010-83470000　　**邮　　购**：010-62786544
投稿与读者服务：010-62776969，c-service@tup.tsinghua.edu.cn
质量反馈：010-62772015，zhiliang@tup.tsinghua.edu.cn
印 装 者：小森印刷霸州有限公司
经　　销：全国新华书店
开　　本：160mm×230mm　　**印　　张**：14.5　　**字　　数**：196 千字
版　　次：2017 年 1 月第 1 版　　**印　　次**：2024 年12月第11次印刷
定　　价：49.80 元

产品编号：072567-01

本书出版得到天津大学法学院资助

序

爱丽丝:“请你告诉我该往哪个方向走。”

柴郡猫:“这取决于你要到哪里去。”

爱丽丝:“我并不在乎要到哪里去。”

柴郡猫:“那你走哪条路都没关系。”

爱丽丝解释道:“我只想去任何一个地方。”

柴郡猫:“你一定能够实现这个愿望,只要你走的够远就可以了。”

那还是2014年,我开始研读英国学者舍恩伯格的经典之作《大数据时代:生活、工作与思维的大变革》,被其中的恢宏描述震撼到了。之后又看了中国学者涂子沛的《大数据》等相关著作,进一步被大数据战略、数据革命、数据帝国、数据治国、数据开放、大趋势、大挑战以及大变革等词汇所打动。随后,我开始郑重思考自己所在团队——中国人民大学电子证据研究小组(我们自称“人大团队”),在法学研究方面该不该向大数据法律和司法方向转型。这时,我看到了当时网上风靡的帖子,它以《爱丽丝梦游仙境》的场景为例,讲述了大数据技术中数据挖掘的魅力——任何业务问题都可以转换为数据挖掘问题。我理解,这是大数据时代的寓言。

“人大团队”并不是一个严谨的学术机构,它是由人大法学院、信息学院、信息资源管理学院的师生基于共同的兴趣走到一起形成的。它也有研究平台和实务平台,前者包括人大法学院的证据学研究所、网络犯罪与安全研究中心、知识工程与数据工程教育部重点实验室等;后者包括中国人民大学物证技术鉴定中心、人大法学院证据学实验室等。后来,我们又陆续聘请了公检法纪以及公证、鉴定机构、科研院所等部门朋友参加。逐渐壮大了队伍,形成了覆盖电子证据全行业的规模。有了共同的研究旨趣,“人大团队”做了很多针对电子证据的法律与技术交叉、理论与实务跨界的工作，在电子证据的法治建设、理论创新、实务推动方面做得颇有声色。"人大团队"并没有名义上的负责人，我的恩师何家弘教授算是"精神领袖"。早在2000年9月，他访问日内瓦国际电信联盟等机构归来，敏锐地决策要认真研究电子证据问题。[1] 这是"人大团队"面向IT时代的一次布局。事实证明，此次布局是非常有远见的，且相当成功的。

那么，"人大团队"在DT时代该做出什么样的贡献呢？变与不变，就是首先面对的问题。一方面，"大数据泛滥"。许多人"言必大数据"，但真真假假、虚虚实实，浮夸的成分不少。大数据能否支撑一个时代，能否改变社会方方面面，当时尚不明确。即便大数据技术就是时代性的，我国是否需要配套的司法治理、法治建设，也令人疑惑。"人大团队"一旦转型，能否一如既往地形成独特优势，也需要琢磨。另一方面，"法律人不能缺席大数据"。大数据是一座巨大的金矿，法治的阳光不能照耀到是不可能的。2013年美国奥巴马总统（"大数据总统"）将之定义为"未来的新石油"，将"大数据战略"上升为国家意志，声称未来对数据的占有和控制甚至将成为国家核心资产。就国内而言，2011年温州动车事故也开始让人们领略到了社交大数据的威力。当年7月23日20时30分05秒，D301次列车与D3115次列车在温州发生动车组列车追尾事故。在专案组成立之前，新浪公司就发布了3286883条关于这起事件的微博；之后，基于700多万条微博制作了视频，从事故现场、寻人、遇难名单、献血现场等多角度展示这次突发事件的真相。至此，我冥冥中受《爱丽丝梦游仙境》柴郡猫说法的启示，决定拓展团队研究范围。

事实证明，这一决策是正确的。大数据发展的潮流是不可抗拒的，大数据法律和司法的改变也是亟需的。中国计算机学会大数据专家委员会在"2013年中国大数据发展白皮书与2014年大数据发展趋势预测"报告中论断，2014年将是大数据从"概念"走向"价值"的元年。2015年后，我国的大数据发展急剧加速：7月，《国务院办公厅关于运用大数据加强对市场主

[1] 何家弘主编：《电子证据法研究》，前言部分1～2页，北京，法律出版社，2002。

体服务和监管的若干意见》发布，提出运用大数据加强对市场主体的服务和监管；8月，国务院发布《促进大数据发展行动纲要》，推动各行业大数据发展，强调数据资源共享开放；10月，党的十八届五中全会明确提出“国家大数据战略”；今年3月，“十三五”规划纲要出台，再次强调国家大数据战略。司法系统也开始加入大数据的时代潮流。仅就公开的新闻报道来看，今年下半年中央政法委孟建柱书记、最高人民检察院曹建明检察长、李如林副检察长等纷纷率团调研贵州大数据交易中心，为“大数据＋司法”进行布局。尤其是2016年10月21日，上午高检院召开了大数据应用研究会，下午中政委请马云给全国政法队伍讲授大数据等科技创新在社会治理中的运用。大数据法律共同体已经全面行动。

“人大团队”较早地转向大数据法律研究，也就是打开了另外一扇窗。2015年5月13日，我第一次受邀给全国军队保卫部门讲授《大数据侦查与大数据证据》，获得了良好的赞誉，尽管当时的认识还不够深入。此后，我陆续以《大数据时代网络安全问题与挑战》《大数据推动检察办案变革》《大数据在检察办案中的运用》《大数据在纪律审查中的运用》等为题开讲，得到了越来越多的认同，在此过程中也与一线办案同志交流了宝贵经验。实务中，我们积极改造所熟悉的手机取证业务，拓展基于大数据取证的司法鉴定工作，并在个案中获得成功。我们还敏锐地发现，几乎所有的大数据公司都通过手机APP，收集广大用户位置等信息，而这一现象将会极大地改变现有的侦查制度、证据制度和权利保障制度。2015年12月，每年一度的网络犯罪高峰论坛召开，我代表团队就“大数据的证据价值、侦查模式与权利保障”发言，以丰富的实践案例和直观的技术图示吸引了场内外广大专家学者的热议。

今天看来，“万物皆数据”，“数据司法是未来科技司法的主方向”，“司法人员将越来越离不开大数据引领”等言论，越来越成为新的共识。这些规律我们较早地感受到了，也作了一些有益的探索与推动。“人大团队”在许多场合都呼吁，我国的网络安全、反贪侦查、纪律审查、食安执法、网信执法、文化执法等工作都应加强大数据的运用，深化同大数据公司的合作，同时有效规制大数据的安全与共享问题,并能够给出具体的方案。

大数据法律与司法问题归根到底是下一代年轻人的舞台。在这一进程中,“人大团队”很多年轻人开始持续发力。谢君泽老师在挖掘电子文档痕迹方面有着独到的认识,他基于对批量产生的文档痕迹进行分析,成功地协助查办了国家审计署审计华润公司煤矿并购的泄密案件、天津港8·12爆炸案之安评部门渎职犯罪案件等。我去微软中国公司交流时,方得知这可以叫做“大痕迹数据”。君泽虽不是我名下的学生,但却是辅助我时间最长、最得力的助手和骨干,现已名声在外,前途无量。徐菲、张杨杨、郭树正同学很早就配合我对电子定位技术进行研究,探索收集APP背后的IP地址、MAC地址等大数据的方法,并已日臻成熟;周迪、吕宏庆同学擅长互联网数据挖掘,对网络舆情分析、数据画像及数据碰撞等率先探索;陈泽鸿、张洪铭同学积极试用人大信息学院开发的“时事探针”平台,试探性地绘制了我国的反腐败指数图、网络犯罪指数图;张艺贞、黄砻同学较早借鉴国外“OPEN DATA”机制,对国内公开数据库如何归整利用进行实验;胡聪同学运筹帷幄,组织团队对BAT公司调研,推动网信部门和检察部门建立大数据公司有效协查调证机制;王耀同学撰写《职务犯罪侦查的大数据模式初探》一文,展示了反贪工作中借助大数据的现实与前景……这样的优秀学生很多,他们以自己的方式在感受大数据时代的脉搏。

此外,“人大团队”特别注意与“外面”的大数据专家合作。“外脑”的指导对于我们开展研究起到了关键性的作用。例如,人大信息学院院长文继荣教授曾经长期任职于微软公司,我们多次登门拜访求教大数据知识,文教授不吝解惑,并无偿向我们提供了“时事探针”应用平台,还根据我们的需要特意对中国裁判文书网的海量裁判文书进行大数据分析;人大公共决策实验室王克平主任多次为我们提供最先进的大数据可视化展示实验室,不厌其烦地展示大数据在公共决策、司法办案中的运用;人大信息资源管理学院的钱毅等教授也伸出援手,协助我们成功申报国家社科基金项目“大数据时代电子文件的证据规则与管理法制建设研究”,促成了一个跨越法学与电子文件管理学的大数据研究机会。中国科学院高能物理研究所的许榕生教授、香港大学 K. P. Chow 教授也不吝赐教，分享了他们在大数据分析及预测方面的宝贵经验。还要特别感谢来自我挂职的检察系统，以及检察行业的朋友。他们让我们看到了大数据与检察工作、大数据平台建设、大数据预防、大数据初查、大数据侦查、大数据管理、大数据挖掘、大数据碰撞、大数据画像等鲜活例子，也讲授了他们在实务中积累的宝贵经验。大数据转型研究之路上，这样的同道者，我们有很多很多，铭记于心。

王燃博士也是"人大团队"一员，是最值得称赞的大数据法律制度探索者。我依稀记得她初到人大法学院证据学教研室的场景。那一年级共有五位法学硕士，她看起来话不多，抽签师从我的恩师何家弘教授（跟我同辈呢）。不过，我也给她上课，带着她做项目。硕士两年、博士三年下来，她给我的印象——不是最聪明的学生，但却蛮有智慧，更是执行力超强。马云说过，大数据时代电脑一定比人类聪明，但人类永远比电脑有智慧。王燃是不是"人大团队"中的有智者呢？天知道，反正她选择了大数据法律和司法作为研究方向。

忘了是什么时候，她征询我关于博士研究方向的建议。我可能随口说了大数据法律问题研究很有前景。其时我的内心想法是，团队必须研究大数据法律问题，但这个主导者可能未必是她。结果她认真了，很快拿出了文献综述和写作提纲。而这个题目对于她而言，显然是有相当难度的。她既没有技术背景，也对实务不甚了解，还不了解海外发展情况。谁知道她会怎么切入研究？她会不会做出成果？

她的智慧就是"认定了就做"。她挤出时间到北京市检察院挂职，尽快了解实务；她访学台湾地区，了解境外情况；她更瞅准时机向各位老师求教，博采众长；她还虚心向法律硕士的师弟师妹们学习手机取证、大数据分析等经验，弥补了自己技术盲的短板。我记得博士论文开题时，她拿出了一份"不太好"的写作提纲。导师组建议重新梳理另起炉灶，而我直接提议她集中研究当时已经热兴的大数据侦查，写透大数据侦查的思维、模式、措施、制度等基础问题。没想到，半年后她真的如样交出了论文稿。当然，她也付出了身心交瘁的代价，她经常跟熟悉的同学开玩笑说最后悔读博士了，弄得一脸痘。其实，她博士论文答辩通过时满是喜悦，在场的每个人都能够感受到她的心情。几个月后，她便将博士论文修改完善出版，这也是执行力强的明证。

当前我国政法系统正积极向大数据技术靠拢、向大数据战略转型。这时收到她《大数据侦查》专著文稿，我也非常欣慰。“人大团队”终于有成员拿出了大数据法律的第一本专著，这应该也是国内的第一本大数据侦查论著。我想，这就像我2004年出版《中国电子证据立法研究》专著一样，走出第一步就意味着良好的学术开端。我相信，她还会推出诸如《大数据证据》《大数据权利法律保护》之类的“几部曲”。据我了解，她的论文《大数据时代侦查模式的变革及其法律问题研究》荣获了第11届中国法学青年论坛主题征文一等奖，她以“大数据侦查与大数据证据”开启了天津大学的“北洋法学学术沙龙”第一讲，她还受邀给全国检察机关第一次大数据专班主讲“大数据证据”。崭露头角的她，会在这条道路上走好走远！

以我的学术眼光，王燃博士的《大数据侦查》一书具有相当的创新性：一是概念的全面创新。她构建起大数据侦查较为完整的框架，包括概念、思维、模式、方法及相关制度构建等。二是重要观点具有前瞻性。本书很多观点是在博士论文中表达的，当时提出的很多观点现在看来具有相当的前瞻性，并已逐渐被证实。例如，书中揭示了大数据热潮下的一些思维误区；强调大数据相关思维和预测思维在侦查中的广泛运用前景，尤其是预测性，必将推动事后侦查向事前侦查、预测侦查转型；提出大数据侦查的模式，强调从数据空间去寻找突破点；提出大数据搜索、大数据碰撞、大数据画像、大数据挖掘、犯罪热点分析、犯罪网络分析、大数据公司取证这几种大数据侦查的具体方法，已经越来越为实务部门所开发运用；强调大数据侦查在发展技术、应用的同时，要注意其所带来的法律问题以及对传统法律原理、规则的冲击，应当对大数据侦查进行一定的程序规制。诚然，这本书也难免有幼稚和错误之处，这有赖于读者们的慧眼识别。

马云还说过，“整个大数据时代最重要的事情，是要做到‘事前诸葛亮’，就是要有预防机制”。《大数据侦查》一书在某种程度上也是“事前诸葛亮”。王燃博士是不是在两年前就预测到了“大数据＋司法”在今天的热络呢？是不是也昭示着“大数据×司法”在未来的突起呢？

大数据时代是充满无限生机的时代，也是一切都有可能的时代。王燃博士出版《大数据侦查》为人们提供了一个“柴郡猫”智慧的小样本。同时，本书的出版也为“人大团队”的大数据之行留下了一个印记。我相信，这本书开卷有益。我期望，“人大团队”在DT时代做出新的华丽转身。

刘品新

2016年10月22日写于拉萨

自　序

本书的设想最早形成于2014年11月。尽管当时我国官方尚未提出大数据战略，但大数据技术已经在电子商务、互联网、金融等先驱领域开始运用，国际上也有很多国家相继开启了“大数据革命”。欧盟委员会早在2010年就提出了“欧盟开放数据战略”；联合国推出了“全球脉动”（Global Pulse）计划，建立世界范围内的预警机制。美国、日本、英国、法国、韩国、新加坡、印度等国都将大数据纳入了国家发展计划。[1] 彼时，笔者开始意识到大数据巨大的发展潜力和前景，并考虑在侦查领域、司法领域推广大数据战略的可能性。结合我国当时的信息化侦查水平、网络侦查制度、电子取证等技术的运用，又了解了其他国家大数据在司法领域的运用情况，如在美国刑事侦查中“大数据预测警务”技术（predictive policing），美国民事诉讼电子证据开示中的“大数据智能检索”技术（predictive coding）等。笔者认为，大数据在我国的侦查领域将有广阔的运用前景。

近几年大数据的热兴也印证了笔者的想法。各侦查部门纷纷搭建大数据应用平台，发展大数据侦查技法，提出“智慧公安”“科技强检”等口号。但目前实践中各侦查部门的大数据运用尚处于摸索阶段，并没有形成统一制度，相关技术方法的运用尚不成熟，相关权利、程序缺乏法律保障。针对侦查实务中大数据运用的蓬勃之景，笔者以前瞻性的视角提出“大数据侦查”这一全新概念，对大数据侦查的内涵、特征、思维方式、技术方法进行了归纳和总结。另外，在发展大数据侦查的过程中，大数据本身的技术、思维特征也会不可避免地对一些传统侦查程序造成影响，对公民的相关权利造

---

〔1〕 参见工业和信息化部电信研究院：《大数据白皮书》（非出版物），2014年5月，载工业和信息化部网，http://www.miit.gov.cn/n1146312/n1146909/n1146991/n1648536/c3489505/content.html，2016年9月20日访问。

成侵害。基于这些问题,笔者提出大数据侦查的程序规制和权利保障制度,以及数据共享、技术构建、行业规范等相关的配套制度的建设。除第一章导论外,本书共分为五个章节。

首先,关于"大数据"及"大数据侦查"的内涵。大数据包括海量数据集、数据处理技术及数据分析结果这三层含义。大数据不仅仅是海量数据的集合,也是集数据处理、数据分析于一体的技术体系,同时也强调反映事物背后规律的数据分析结果。正确理解大数据的内涵还需要注意,大数据的基础在于数据化;大数据的量大是相对的,对于分析对象来说,达到"样本=总体"的程度即可;大数据的核心价值在于数据背后的规律而非数据本身,而数据规律主要依靠数据挖掘等大数据技术来实现。相比于小数据时代的思维方式,大数据具有全数据、混杂性以及相关性的特征:全数据意指人们完全可以获取某个研究对象的所有数据,不需要再通过抽样调查的方式进行统计;混杂性意指不需要每个数据都精确无误,数据的量大可以抵消部分数据的不准确;相关性则是指大数据颠覆了人类长久以来的因果关系思维,大数据能够快速告诉我们事物之间的相关关系是什么,却无法解释背后的原因。

在此基础上,笔者对大数据侦查的内涵和外延进行界定。从狭义上来说,大数据侦查强调采用大数据技术的侦查行为。大数据侦查是指法定侦查机关针对已发生或尚未发生的犯罪行为,为了查明犯罪事实、抓捕犯罪嫌疑人、预测犯罪等,所采取的一切以大数据技术为核心的相关侦查行为。具体而言,大数据侦查的主体是法定侦查机关,侦查的对象是已经发生或尚未发生的犯罪行为,侦查的目的是查明犯罪事实及预防犯罪活动的发生,侦查的内容是涉及大数据技术的一切侦查行为。从广义上来说,大数据侦查不仅仅指技术层面的侦查措施,而是包括大数据侦查思维、侦查模式、侦查机制等完整体系。相比于传统侦查而言,大数据侦查具有以下特征:侦查空间的数据化,大数据侦查在平行的数据空间中展开,找到与物理空间人、物相对应的数据形式;侦查技术的智能化,大数据本身就集人工智能、计算机等多个学科于一体,数据收集、数据清洗到数据分析的每一个环节都离不开机器的支持，因此大数据侦查技术必然也具有智能化的色彩；侦查思维的相关性，传统的侦查是一个由果溯因的重构犯罪过程，建立在相关性基础上的大数据侦查改变了这一传统逻辑，直接通过数据运算去发现各要素之间的关系，从而发掘侦查线索。大数据侦查作为一个全新的概念，也需要厘清其与技术侦查、侦查技术、信息化侦查、情报导侦等概念之间的关系。大数据侦查与技术侦查是交叉关系，大数据侦查中对某些数据的收集需要遵守技术侦查的规制；大数据侦查从属于侦查技术的范畴；大数据侦查与传统的信息化侦查、情报导侦之间是传承与发展的关系，大数据侦查建立在信息化侦查、情报导侦的多年发展基础之上，同时又大大推动了二者的发展。在目前的侦查实务中，大数据主要作为线索运用，但不排除大数据在将来会成为一种新的证据形式。总而言之，大数据侦查有利于推动事后侦查向事前侦查转型，被动侦查向主动侦查转型，单线侦查向协作式侦查转型，粗放式侦查向集约式侦查转型，它必将引领未来侦查发展的新方向。

其次，关于大数据侦查的思维特征。笔者结合大数据本身的特征和其在侦查中的实务运用，提出了相关性、整体性和预测性三大特征。相关性思维能够告诉人们事物之间的关联性但不能解释为什么。利用相关性，侦查人员可以找到犯罪现象的关联物，通过关联物来观察犯罪行为本身；还可以通过大数据的相关性分析发现更多隐藏的线索。整体性思维强调大数据时代取证思维的整体性和事实认定的整体性，在整体数据中寻找与案件有关的数据，在整体事实中选取与案件有关的事实。预测性思维则强调对未来时空犯罪活动的预测，包括对人、案及整体犯罪趋势的预测，从而有利于侦查人员合理部署侦查资源，防患于未然。当前，在“大数据热”的氛围中，也容易产生一些思维误区，如认为数据越多越好、数据可以不精确、大数据分析结果一定是正确的、大数据的相关性可以替代因果性、大数据的预测性违背无罪推定原则等。然而，大数据并非是万能的，数据采集中会有偏差，数据结果也会受到人为主观操作影响，大数据还会产生歧视和偏见，数据分析模型也会失灵。另外，大数据侦查的相关性思维特征还会对传统司法证明原理带来冲击。如何去协调传统侦查思维与大数据侦查思维的碰撞、如何在现有法律框架内去发挥大数据侦查的思维价值，是不得不面对的问题。

在前述基础上，本书归纳了大数据侦查的几种典型模式。在实务中已有的大数据侦查案例基础上，笔者从对象、时间等不同角度将大数据侦查提炼为不同模式。按照侦查对象的不同，大数据侦查可以分为个案分析模式和整体分析模式，前者主要针对具体个案的侦破，后者则面向于整体历史案件的多维度分析。按照时间序列的不同，大数据侦查可以分为回溯型模式和预测型模式，回溯型模式是针对过去已经发生的犯罪行为，而预测型模式则是针对未来未知时空的犯罪，强调对犯罪活动的预测。按照数据形态的不同，大数据侦查可以分为原生数据模式和衍生数据模式，在原生数据模式中，大数据只是作为一种技术、媒介，发挥的是“找数据”功能，不会改变数据的原始状态；而在衍生数据模式中，大数据则对原始数据进行了二次挖掘，发挥的是“分析数据”功能，获取的是新的数据形态。从“数据化”的特征出发，可以将大数据侦查分为“人—数—人”和“案—数—案”模式，前者是指在数据空间找到对应的数据化嫌疑人，后者是指在数据空间找到对应的数据化案件信息，两种模式都遵循着从具体到抽象的过程，大数据在两种模式中都扮演着连接现实空间和数据空间的中介。在传统“由案到人”和“由人到案”的基础上，大数据侦查可以分为“案—数—人”和“人—数—案”两种模式，前者是以案件为中心去找嫌疑人，后者是以嫌疑人为中心去寻找案件事实，它们的共同点就在于通过大数据连接起案件与嫌疑人之间的关系。

再次，本书介绍了实务中常用的几种大数据侦查方法，包括数据搜索、数据碰撞、数据挖掘、数据画像、犯罪网络分析、犯罪热点分析以及大数据公司取证等。数据搜索是较为简单的方法，其原理就是在海量数据库中检索出相关数据，具体包括数据库搜索、互联网搜索和电子数据搜索几种方式。侦查人员要注意发挥大数据智能化检索技术、一键式检索技术。数据碰撞意指通过多个数据集之间的自动比对来发现相关数据，数据碰撞往往能产生意想不到的效果。常见的数据碰撞类型有话单数据碰撞、银行数据碰撞等。数据挖掘是大数据较核心的技术，包括关联性分析、分类分析、时序分析等多种功能。数据挖掘的价值在于以智能化方法发现数据背后的深层次规律，发掘现象之间的联系，如嫌疑人的兴趣爱好、行为偏好等。数据画像是传统犯罪心理画像在大数据时代的新发展，通过借助基础数据库及数据挖掘技术，大数据可以对嫌疑人进行全方位、多维度的数据刻画。犯罪网络关系分析主要应用于恐怖活动犯罪、毒品犯罪等有组织的犯罪，意在通过大数据技术来发现犯罪组织成员之间的关系及其分工合作情况。犯罪热点是分析犯罪活动在时空位置上的分布规律，大部分的犯罪往往集中在少部分地区；犯罪热点分析还往往与犯罪预测联系在一起，通过对历史犯罪热点数据的分析来预测未来犯罪活动的趋势和走向。在大数据侦查中，不能忽视大数据公司的作用，大数据公司所拥有的海量用户数据是侦查中的重要数据来源，侦查机关要积极寻求与大数据公司的数据共享及技术合作。

最后，本书论述了大数据侦查的相关制度构建，既包括大数据本身的法律程序构建，也包括与之相关的配套制度建设。从权利角度看，大数据侦查难免会侵犯公民的个人信息权。目前，刑事侦查中的个人信息保护尚属于法律真空地带。侦查机关的数据收集、数据共享不可避免地会形成“大数据监控社会”，带来民众的心理恐慌；侦查中对个人数据的二次分析、深度挖掘更是对个人信息权的严重侵犯。因此，本书从审查批准、个人参与、比例原则等方面去寻求大数据侦查与个人信息保护之间的价值平衡。从程序角度来看，大数据侦查过程是不透明的，当事人不知道自己的哪些数据被收集、被分析，也不知道自己被采取侦查措施的数据依据。可见，大数据侦查对传统的正当程序带来一定影响，剥夺了当事人的知情权、辩护权等权利。因此，本书从通知解释、赋予异议权、数据记录等几个角度去规制大数据侦查的正当程序。另外，笔者还从数据共享、技术应用以及行业规范的角度提出了大数据侦查相关配套制度。在数据共享方面，要打破不同地域、级别、部门之间的数据孤岛现象，达到侦查机关内部的数据共享以及侦查机关与社会数据库共享；在技术方面，要建立大数据侦查的技术体系和应用平台；在行业规范方面，大数据公司要加强对个人数据的分级、分类管理，规范公权力机关调取数据的行为，对大数据公司的数据管理和第三方的数据调取进行衔接性规制。

本书系2016年国家社科基金年度项目“大数据时代电子文件的证据规则与管理法制建设研究”（项目批准号：16BFX033）阶段性研究成果。

目　录

第一章 导 论

第一节 背景介绍

2015 年是我国的大数据发展元年：8 月，国务院发布《促进大数据发展行动纲要》，强调数据资源共享开放；10 月，中国共产党第十八届中央委员会第五次全体会议上，正式提出了国家大数据发展战略。2016 年 3 月通过的“十三五规划纲要”中，再次强调要实施国家大数据战略，全面促进大数据发展行动。在此背景下，公、检、法、司部门也开始全方位重视大数据在司法工作中的运用。中央政法委书记孟建柱在政法领导干部学习班上曾经强调“要善于运用大数据，提高维护稳定工作现代化水平”；〔1〕最高人民检察院检察长曹建明在第十四次全国检察工作会议上也强调，要建设国家检察大数据中心，建立检务大数据资源库。〔2〕在司法实务中，不少单位已经开始将大数据技术运用至犯罪侦查、办案流程管理、司法公开等工作中去。有些司法机关甚至已经领先建立了智能化大数据应用平台。例如浙江省法院系统的大数据平台，以全省裁判文书为数据基础，通过数据挖掘技术，对各类案件特征、证据运用规律进行智能化挖掘；〔3〕泉州市丰泽区检察院建立了“智慧检察大数据分析平台”，能够实现数据采集、趋势研判和预警处置三大功能，有效地辅助了侦查决策，实现精准打击；再如北京市检

---

〔1〕 参见孟建柱：《要善于运用法治思维和法治方式领导政法工作》，载人民网 http://politics.people.com.cn/n/2014/0422/c1001-24930131.html，2016 年 9 月 20 日访问。

〔2〕 最高检：《全面实施电子检务工程，打造智慧检务》，2016 年 7 月 20 日，载正义网 http://www.jcrb.com/xztpd/dkf/201607/dsscgqjcgzhy/gzlc/14bs/201607/t20160720_1635439.html，最后访问时间：2016 年 9 月 20 日。

〔3〕 参见：《司法走进大数据时代，55 岁是离婚诉讼的神奇分割线》，载“浙江在线”网，网址 http://zjnews.zjol.com.cn/system/2013/11/09/019695246.shtml，2016 年 9 月 20 日访问。

察系统的“检立方”大数据平台，以该市检察系统历年的上千万项案件信息为基础，[1]具有核心数据展现、业务监督、专题分析、检察统计等多项数据分析业务。

大数据是人类历史上的又一次科学技术的革命，在侦查领域，大数据也正开始崭露头角，处于探索运用阶段，具有巨大的潜力和广泛的应用前景。不过可以预见的是，大数据侦查技术在推广运用的同时，也必然会伴随而来诸多法律问题，对传统侦查制度带来挑战。笔者拟以大数据为主线，以大数据技术在侦查领域已有及未来可能出现的运用情况为基础，提出“大数据侦查”这一概念，构建起包括侦查思维、侦查模式、侦查方法等完整的大数据侦查体系。与此同时，对大数据在侦查领域可能产生的法律问题提出解决方案，构建大数据侦查的法律程序和权利保障制度，并构建起数据共享、数据管理等相关的配套机制。

第二节　文献综述

目前，各个领域都在强调发展大数据战略。相对于大数据在互联网、电子商务等先驱领域的应用，大数据在司法和侦查领域的发展节奏相对慢一些，不过近两年也逐渐呈现蓬勃发展之势。笔者以“大数据”与“侦查”为关键词，在“超星中文学术资源发现平台”进行了检索，对我国“大数据侦查”的学术研究状况有大致的了解。根据检索结果（如图1-1、图1-2所示），可知有关大数据侦查的文献在2012年之后开始兴起，并呈现持续走高的态势；这一研究主题涉及的关键词主要有侦查工作、检察机关、职务犯罪、数据采集、数据分析等。

一、有关大数据的研究综述及评价

在展开具体的大数据侦查研究之前，需要理解“大数据”本身的内涵、

[1] 谢文英：《北京：“检立方”吸引代表眼光》，载《检察日报》，2014年11月24日，第7版。

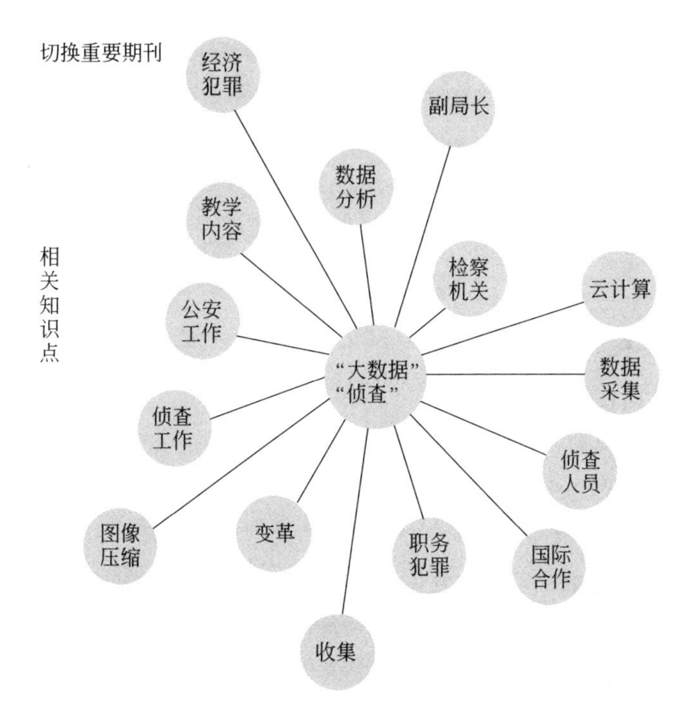

图 1-1　以“大数据”和“侦查”为主题的学术关键词分布

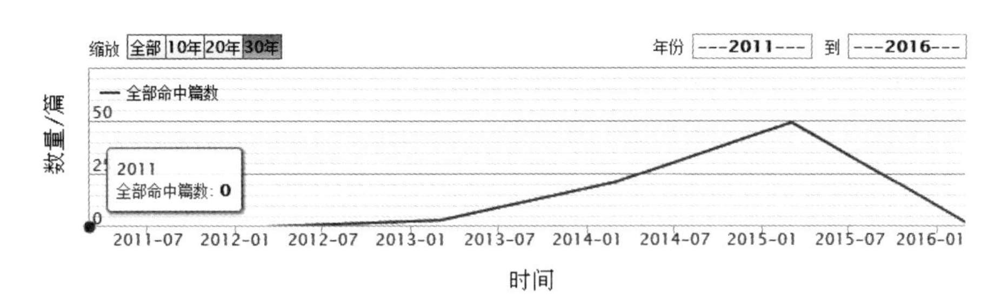

图 1-2　以“大数据”和“侦查”为主题的期刊发展趋势

外延及应用原理等。本文选取大数据的概念、大数据技术原理、大数据类型、大数据的应用以及大数据发展中所面临的挑战等内容进行文献梳理。

（一）大数据的概念

维克托·迈尔-舍恩伯格(2013)从价值的角度对大数据进行界定，强调大数据是从海量数据中提取到价值和服务。[1] 孟小峰(2013)从比较的角度,认为大数据是海量的、非结构化并具有附加价值的数据。[2] 作为权威部门,中国工信部(2014)的官方文件中则从数据、结构等特征去描述大数据,并强调大数据不仅仅是静态的数据,更是综合的技术体系。[3] 由此可见,目前学界对于大数据的概念并没有一个盖棺论定的界定,学者们从大数据的特征或者其价值等不同角度出发进行界定,不过可以肯定的是大数据的定义都不仅仅局限于“数据”本身。

(二)大数据的技术原理

对大数据技术原理的理解可以从两个角度出发,一是纵向的大数据运行流程,二是横向的大数据分析技术。从纵向的运用流程看,工信部(2014)的官方文件将大数据的运用过程分为数据准备、数据存储与管理、计算处理、数据分析和知识展现这五个阶段。[4] 孟小峰(2013)认为可以将其运用流程分为数据选取、数据集合、数据分析以及数据解读这几个阶段。[5] 实务中大数据的运用一般都遵循相同的流程,大致可以分为数据收集、数据清洗、数据分析以及数据可视化呈现这几个阶段,其中每个阶段还可以进行更细致的划分。

从横向的数据分析技术看,数据挖掘是大数据体系中最核心的技术。赵刚(2013)指出,数据挖掘比大数据出现得要早,它是大数据技术发展的前身和基础。数据挖掘是通过智能化分析技术,从数据背后发掘出数据之间的模式和规律。数据挖掘包括关联性分析、聚类分析、序列分析、异常分类等不同类型。[6] 这些不同的数据挖掘方法技术和侧重点各不相同,它们

---

〔1〕 [英]维克托·迈尔-舍恩伯格,肯尼斯·库克耶:《大数据时代》,盛杨燕,周涛译,4页,杭州,浙江人民出版社,2013。

〔2〕 孟小峰,慈祥:《大数据管理:概念、技术和挑战》,载《计算机研究与发展》,2013(1)。

〔3〕 参见工业和信息化部电信研究院:《大数据白皮书》,2014年5月,网址http://www.miit.gov.cn/n1146312/n1146909/n1146991/n1648536/c3489505/content.html,2016年9月21日访问。

〔4〕 参见工业和信息化部电信研究院:《大数据白皮书》,2014年5月,网址http://www.miit.gov.cn/n1146312/n1146909/n1146991/n1648536/c3489505/content.html,2016年9月21日访问。

〔5〕 孟小峰,慈祥:《大数据管理:概念、技术和挑战》,载《计算机研究与发展》,2013(1)。

〔6〕 赵刚:《大数据——技术与应用实践指南》,150~155页,北京,电子工业出版社,2013。

可以单独或配合使用，均发挥着重要作用。可见，无论从技术还是目的上来说，数据挖掘技术已经形成了大数据技术的雏形。

（三）大数据的运用模式

这里大数据模式是指一些普适性的大数据运用类型。城田真琴(2013)从不同角度对大数据的运用模式进行了归纳。横向角度，可以从整体、个别、实时、事后四个角度出发，将大数据运用分为四个类型：个别优化—批处理型，分别优化—实时型，整体优化—批处理型，整体优化—实时型。[1] 这四种大数据的运用模式在各领域皆适用。纵向角度来看，城田真琴(2013)还从时间维度将大数据的运用模式归纳为“过去/现状的把握—将来预测—优化”这样的一个循序渐进的过程，作者认为大数据运用的最终目的并不一定是优化，根据不同的需求可以运用到不同的级别，比如做到“预测”这一步为止也是可以的。

（四）大数据的应用领域

相比于对大数据技术的抽象介绍，学者们其实更喜欢描述大数据在各个领域的具体运用。赵刚(2013)介绍了互联网、电子商务、零售业、金融业、政府、医疗业、能源业、制造业等领域对大数据的个性化需求；[2]李军(2014)介绍了大数据在通讯、医疗、网络、零售、制造、餐饮等领域的运用。[3] 钟瑛、张恒山(2013)认为大数据应用有两种类型：一类是专门提供大数据技术的行业，它们本身没有数据源；另一类是拥有海量数据源的行业，它们所提供的主要是数据资源及附加服务。[4] 不过，目前大数据在各个领域的发展不是很平衡，工信部(2014)的官方文件认为目前全世界的大数据发展都处于初级阶段，中国的发展落后于世界先进国家。大数据在不同领域的发展也不平衡，一般来说，网络、金融、电子商务等领域的大数据产业发展较快。[5]

---

〔1〕［日］城田真琴：《大数据的冲击》，周自恒译，118～132页，北京，人民邮电出版社，2013。

〔2〕赵刚：《大数据——技术与应用实践指南》，21～42页，北京，电子工业出版社，2013。

〔3〕李军：《大数据——从海量到精准》，151～303页，北京，清华大学出版社，2014。

〔4〕钟瑛，张恒山：《大数据的缘起、冲击及其应对》，载《媒体管理与经营》，2013(7)。

〔5〕工业和信息化部电信研究院：《大数据白皮书》，2014年5月，网址 http://www.miit.gov.cn/n1146312/n1146909/n1146991/n1648536/c3489505/content.html，2016年9月10日访问。

（五）大数据在发展中所面临的问题

大数据在发展中首要面临的问题便是技术上的挑战，面对海量的、非结构化的数据，采用何种技术来存储、处理一直都是业界的难题。工信部(2014)的官方文件中对此归纳得非常到位，其认为目前我国大数据建设的最严重问题一是数据壁垒、数据孤岛现象严重，各个部门之间的数据不流通；二是大数据本身的存储、清洗、分析等相关技术发展水平较低。[1] 孟小峰(2014)认为，大数据集成中面临着异构性等问题。除去技术因素外，大数据本身也存在很多风险。[2] 郑毅(2012)认为大数据的算法、质量、解读等有可能出现错误，会给我们的决策带来风险。要警惕人为主观恶意对数字的操纵，警惕数据中存在的系统误差等问题。另外，大数据只能告诉我们数据背后的规律是什么而非为什么，人们还应当在此基础上借助其他经验去探究背后的原因。[3]

另外，大数据时代的个人隐私还面临着前所未有的风险，对数据价值的利用、开发必然会影响到公民的隐私安全，并且大数据对个人隐私权的侵犯已经突破了传统的限度。维克托·迈尔-舍恩伯格(2013)认为，大数据时代要建立全新的隐私保护方式，以前是在数据收集过程中赋予收集者通知及获取许可的义务；而今数据在收集之后还会被多次使用，根本无法预知数据将来的用途。因此传统的保护方法已经过时，应当将隐私保护义务的重心放在数据使用环节。[4] 实际上，大数据利用与公民隐私权之间的博弈是每个国家都面临的问题，城田真琴(2013)介绍了不同国家对此问题的回应方式——美国奥巴马政府出台了 *Privacy Bill of Rights*，对消费者的数据权利进行了全面的保护；欧盟在 2012 年对《欧盟的数据保护指令》进行了修改，引入“被遗忘的权利”，在没有明确征得用户同意情况下，禁止处

---

〔1〕 同上注。

〔2〕 孟小峰，慈祥：《大数据管理：概念、技术和挑战》，载《计算机研究与发展》，2013(1)。

〔3〕 郑毅：《证析——大数据基于证据的决策》，365～381 页，北京，华夏出版社，2012。

〔4〕 [英]维克托·迈尔-舍恩伯格，肯尼斯·库克耶：《大数据时代》，盛杨燕，周涛译，221～223 页，杭州，浙江人民出版社，2013。

理个人数据；在对日本隐私权立法进行建议时，作者提出“对集合匿名信息的使用”这一原则。[1] 赵刚(2013)提出，可以通过一些技术手段去加强隐私保护，例如采取去个性化技术、数据脱敏技术，使得仅从数据本身无法判断出数据主体的身份信息，从而在保证数据价值的同时也较好地保护了个人隐私。[2]

通过上述文献的梳理，基本能够对“大数据”本身有了初步的了解，包括大数据的概念、技术、运用模式、应用领域以及面临的问题等内容。了解大数据的目的是为大数据侦查的叙述奠定基础，大数据的相关技术、运用模式及面临的问题与大数据侦查体系的构建具有密切联系。不过，目前有关大数据的文献大都偏向于技术方法或者实务应用的介绍，而对于大数据的相关思维理念、配套机制等偏向人文社科领域方面的研究尚涉及不多。

二、有关大数据侦查概念的研究综述及评价

本书所提出的“大数据侦查”这一概念，具有一定的开创性意义。因为，在目前已有的文献中，还很少有学者提出过“大数据侦查”的概念。大部分学者都是将大数据作为研究背景或者是一种新的技术方法，来探讨大数据对侦查工作的影响。其中，将大数据作为研究背景的文献要多一些，如何军(2015)[3]、程宏(2015)[4]、王晓楠(2015)[5]、张俊岳(2014)[6]都是将大数据作为新的侦查背景，来将其与传统的侦查模式进行比较研究。冯

---

〔1〕 [日]城田真琴：《大数据的冲击》，周自恒译，151～165页，北京，人民邮电出版社，2013。

〔2〕 赵刚：《大数据——技术与应用实践指南》，264～268页，北京，电子工业出版社，2013。

〔3〕 何军：《大数据与侦查模式变革研究》，载《中国人民公安大学学报》，2015(1)。

〔4〕 程宏：《大数据背景下反贪模式的转型》，载《中国检察官》，2015(2)。

〔5〕 王晓楠：《大数据时代下的主动型侦查模式研究》，载《辽宁警专学院学报》，2015(3)。

〔6〕 张俊岳：《大数据背景下侦查工作的变革》，载《北京警察学院学报》，2014(4)。

欣(2015)[1]、殷明(2015)[2]、张晟(2015)[3]、侯睿(2014)[4]等则将大数据作为新的侦查技术,探讨其在侦查工作中的具体运用。

何军(2015)提出"大数据驱动侦查"的概念,强调大数据对传统侦查工作所带来的颠覆性变革,大数据不仅能够总结历史犯罪规律,还能够在此基础上对未来时空的犯罪活动进行预测。[5] 张兆端(2014)提出了"大数据时代的智慧警务"概念,强调大数据及相关技术给公安工作、警务工作所带来的智能化变革。[6] 张俊岳(2014)认为大数据技术在侦查领域的运用是大势所趋的时代潮流,传统的信息化侦查为大数据侦查发展提供了基础。[7] 不过也有个别学者在文章中提出过"大数据侦查"的概念,李蕤(2014)重点从大数据分析、挖掘技术对侦查工作影响的角度去描述大数据侦查的内涵。[8]

通过上述文献的梳理,可见大数据对侦查工作的影响已经是势不可当,大数据在侦查领域显示出前所未有的巨大潜力。然而,现有文献对于大数据在侦查领域的研究仍过于保守和片面,或是将大数据作为时代背景,而在具体内容上相较于传统信息化侦查而言突破并不大;或是将大数据作为一种技术,从方法的角度去介绍大数据对侦查工作的影响。笔者认为,大数据本身是思维、方法、技术、价值观的总和,大数据对于侦查领域的影响也是全面的,不仅带来侦查技术、方法的革新,更是对侦查模式、侦查思维以及侦查价值的全面影响。

---

[1] 冯欣:《大数据在盗窃机动车犯罪侦查中的应用》,载《中国刑警学院学报》,2015(3)。

[2] 殷明:《侦查讯问中的大数据解读与应用设想》,载《中国刑警学院学报》,2015(3)。

[3] 张晟:《大数据打防控多发性盗窃案件探析》,载《湖北警察学院学报》,2015(10)。

[4] 侯睿:《大数据时代的反恐情报收集与分析》,载《山东警察学院学报》,2014(4)。

[5] 何军:《大数据与侦查模式变革研究》,载《中国人民公安大学学报》,2015(1)。

[6] 张兆端:《智慧警务:大数据时代的警务模式》,载《公安研究》,2014(6)。

[7] 张俊岳:《大数据背景下侦查工作的变革》,载《北京警察学院学报》,2014(4)。

[8] 李蕤:《大数据背景下侵财犯罪的发展演变与侦查策略探析——以北京市为样本》,载《中国人民公安大学学报》(社会科学版),2014(4)。

三、有关大数据技术在侦查领域运用的研究综述及评价

目前，介绍有关大数据技术在侦查领域具体如何运用的文献相对较多。其中，贪污贿赂案件、侵财类案件、恐怖犯罪活动以及金融证券犯罪这几类犯罪的侦查对大数据的需求相对大一些。另外，一种新的侦查模式——“预测型侦查”，也随着大数据技术的兴起而被越来越多的学者所关注。

（一）在传统犯罪领域的运用

贪污贿赂类犯罪侦查。大部分文献都集中于强调大数据技术在挖掘贪污贿赂类犯罪线索，以及预测尚未发生的贪污贿赂类案件中的作用。王立楠、魏佳明（2015）认为，应当灵活运用大数据的关联性分析技术，在侦查初期就发现贪污贿赂犯罪、渎职犯罪等案件的线索。〔1〕程宏（2015）认为，大数据有利于发现职务犯罪的“黑数”，通过数据挖掘技术可以打开新的侦查视野，在其他相关领域去发现犯罪线索，如房产信息、政府采购信息等。〔2〕邓树刚（2014）着重强调大数据的预测、预防犯罪功能，大数据技术能够提前预知职务犯罪活动的发生，从而对国家机关工作人员产生有效的监督。〔3〕

侵财类犯罪侦查。不少学者提出运用大数据技术找出侵财类案件的犯罪规律，并在此基础上有的放矢地制定侦查策略，以及利用侵财犯罪规律对未来的犯罪活动进行预测。李蕤（2014）探讨了利用大数据技术，总结北京市侵财犯罪的在地域、时空、数量等维度的发展演变规律，并强调要根据数据分析结果来及时调整侦查战略的部署工作。〔4〕张晟（2015）探讨了大数据在多发性盗窃案件中的运用，结合此类案件人员流动性强的难题和大数据的技术特征，提出“由人到案”的大数据侦查模式；另外，作者认为大

〔1〕王立楠，魏佳明：《大数据时代反贪信息化侦查模式的构建》，载《中国检察官》，2015(9)。

〔2〕程宏：《大数据背景下反贪模式的转型》，载《中国检察官》，2015(2)。

〔3〕邓树刚：《运用大数据技术推动职务犯罪预防工作》，载《人民检察》，2014(16)。

〔4〕李蕤：《大数据背景下侵财犯罪的发展演变与侦查策略探析——以北京市为样本》，载《中国人民公安大学学报》(社会科学版)，2014(4)。

数据算法为犯罪预测提供了依据——借助已发生的案件，可以得到概率；借助概率，可以寻求犯罪规律；借助犯罪规律，能够预测未来犯罪活动。[1]

恐怖活动类犯罪侦查。恐怖组织犯罪活动近些年来有扩展趋势，2001年的“9·11”恐怖袭击、2015年的巴黎恐怖袭击等事件，拉响了全球的反恐警报，不少学者开始探讨大数据在反恐中的运用。由于恐怖犯罪活动具有隐蔽性，学者们大多探讨如何运用数据挖掘技术，在犯罪活动准备、预备阶段就及时识别出犯罪线索及恐怖分子。刘铭(2015)提出可以对恐怖分子的网络行为特征建立数据模型，并在互联网的海量信息中进行数据挖掘，从而识别具有恐怖嫌疑的人员。[2] 梅建明(2007)从美国的反恐项目中总结数据挖掘的作用，并建议我国实施反恐大数据挖掘的计划。[3] 侯睿(2014)探讨了大数据在反恐情报收集与分析中的运用，提出从“数据化”的原理出发，对反恐数据进行多点搜集、立体化搜集，注重对恐怖分子网络通讯数据的挖掘。[4]

通过对上述文献的梳理，我们大致了解了大数据在犯罪侦查中的具体运用情景及运用方式。尽管只介绍了大数据技术在上述几类案件侦查中的运用，但是我们可以举一反三，将一些可行的大数据侦查方法推广至其他案件中去。不过，目前相关文献对于大数据侦查方法的介绍往往依赖于具体的犯罪场景，尚还很少有学者总结、归纳出一些普适的大数据侦查方法及侦查模式。因此，对一些重要的、常用的大数据侦查方法进行归纳也是本文拟研究的重点内容。

（二）在犯罪预测中的运用

除了在具体个案侦查中运用外，大数据侦查还有一类重要的运用——预测犯罪活动的发生。大数据本身最重要的价值就在于预测，这一功能在侦查领域当然也会有所体现。尽管预测犯罪现在听起来还带有一些科幻

---

[1] 张晟：《大数据打防控多发性盗窃案件探析》，载《湖北警察学院学报》，2015(10)。

[2] 刘铭：《大数据反恐应用中的法律问题分析》，载《河北法学》，2015(2)。

[3] 梅建明：《论反恐数据挖掘》，载《中国人民公安大学学报》(社会科学版)，2007(2)。

[4] 侯睿：《大数据时代的反恐情报收集与分析》，载《山东警察学院学报》，2014(4)。

色彩,但这已经不再是遥不可及之事,理论界也越来越多的学者开始关注大数据的预测犯罪功能。

吕雪梅(2015)介绍了美国的"预测警务"制度,其认为预测警务的关键就在于大数据技术的运用,通过数据挖掘技术归纳出各种犯罪的数据模型,并用于对未来犯罪的预测。[1] 冯冠筹(2014)则对我国预测警务的运用进行了展望性的设计,将其分为国家安全预测、维稳态势预测、治安形势预测、社会管理预测、民意向导预测以及民生服务预测六个领域。[2]

犯罪热点分析是大数据预测型侦查的核心内容。吕雪梅(2015)指出美国当前的犯罪情报分析中,融合了"热点成像"和"地理画像"技术的达80%的比例。[3] 陈鹏等(2012)从专业角度提出了犯罪热点的识别和分析方法。[4] 阎耀军等(2013)结合侦查实务中具体的犯罪预测工具"犯罪预测时空定位信息管理系统 V1.0",来对犯罪的时间热点和空间热点进行研究,在此基础上可以获得犯罪在时间和空间上所呈现的规律,将现实中一些动态的因素与之相结合,便能够得到预测犯罪发生的数学模型。[5] 陆娟等(2012)将犯罪热点总结为热点地区、热点时段、热点类型、热点目标几个方面,并基于专业角度提出了犯罪热点的识别方式。[6]

尽管实务中仍然有很多人对大数据的预测犯罪功能持怀疑态度,但通过上述的文献梳理可以发现,预测犯罪从技术上来说是完全可行的。不过,目前此方面的文章多集中于专业预测技术介绍,尚缺乏相关法律理论的介绍,容易造成技术与实践运用脱节的现象。实际上,犯罪预测并非是完全新鲜的事物,传统犯罪学中也有犯罪预测的相关理论,不过大数据时

---

[1] 吕雪梅:《美国预测警务中基于大数据的犯罪情报分析》,载《情报杂志》,2015(12)。

[2] 冯冠筹:《大数据时代实施预测警务探究》,载《广东公安科技》,2014(1)。

[3] 吕雪梅:《美国预测警务中基于大数据的犯罪情报分析》,载《情报杂志》,2015(12)。

[4] 陈鹏,李锦涛,马伟:《犯罪热点的分析方法研究》,载《中国人民公安大学学报》(自然科学版),2012(3)。

[5] 阎耀军,张明:《犯罪预测时空定位信息管理系统的构建》,载《中国人民公安大学学报》(社会科学版),2013(4)。

[6] 陆娟等:《犯罪热点时空分布研究方法综述》,载《地理科学进展》,2012(4)。

代的预测犯罪又有了新的技术和内涵。因此,笔者拟将传统的犯罪预测理论与现代的大数据预测技术相结合,提出预测型大数据侦查模式,探讨犯罪预测在大数据时代的新内涵。

四、有关大数据侦查与传统侦查相比较的研究综述及评价

上述文献主要是从具体的、微观的层面去探讨大数据侦查技术、方法的运用。从抽象的、宏观的层面看,大数据侦查对传统的侦查模式、侦查思维也会带来突破性影响。

(一) 大数据侦查对传统侦查模式的突破

何军(2015)提出“大数据驱动侦查”的概念,认为其是一种全新的侦查模式,体现出数据共享的一体性特征,是一种由点到面的全景式侦查、预知未来的预测型侦查以及利用数据模型的算法型侦查。相对于传统侦查而言,这一新型侦查模式能够更全面地获取信息,能够更深入地分析研判信息。〔1〕张俊岳(2014)指出,大数据改变了传统“口供为王”的侦查模式,更多地依赖以数据为中心的侦查技术;大数据改变了过去由案到人的侦查模式,转向“由数据到案”“由数据到人”的侦查模式。〔2〕王晓楠(2015)指出大数据将促进侦查模式由反应型侦查向主动型侦查转变,并且大数据的预测功能将促进主动型侦查模式进一步朝着纵深方向发展;大数据的关联性分析、碰撞等功能能提前预测犯罪活动的发生。〔3〕

(二) 大数据侦查对传统侦查思维的突破

何军(2015)认为在大数据时代,应当确立在线、开放的数据共享侦查理念;数据主导侦查的理念,依据数据分析结果来采取侦查措施;相关性理念,善于利用大数据的相关性分析功能;线上与线下相结合的理念,强调数据逻辑与人类经验、法律规定的互补。〔4〕

---

〔1〕 何军:《大数据与侦查模式变革研究》,载《中国人民公安大学学报》,2015(1)。

〔2〕 张俊岳:《大数据背景下侦查工作的变革》,载《北京警察学院学报》,2014(4)。

〔3〕 王晓楠:《大数据时代下的主动型侦查模式研究》,载《辽宁警专学院学报》,2015(3)。

〔4〕 何军:《大数据与侦查模式变革研究》,载《中国人民公安大学学报》,2015(1)。

马忠红(2011)认为人类社会的技术变革也必将引起侦查思维方式的变革。信息时代应当以“信息”作为侦查思维的起点,侦查人员要培养发散性、立体化、智能化、多维度的理念。作者还提出了信息时代侦查思维在时间、空间、人、物等方面的转变要点。[1]

(三) 大数据侦查对传统侦查理念的突破

贾永生(2013)提出了大数据视野下犯罪现场概念,他认为在大数据视野下,犯罪现场要延伸至数据空间,尤其要注意一些表面上看起来与案件及犯罪嫌疑人无关的数据,这些看似无关的数据背后往往蕴藏着重要的破案信息。[2]

另外,还有学者讨论了大数据对于传统犯罪心理画像、犯罪情报等传统侦查概念的影响。赖继(2015)认为,在大数据时代,犯罪心理画像可以借助基础数据平台和标签卡的方法,进行智能化数据画像。[3] 陶雨(2015)认为大数据会对传统的侦查情报收集及分析产生影响,大数据能够扩展侦查情报的来源,提高侦查情报的研判能力。[4]

上述的文献从不同角度回应了大数据侦查将带来的侦查模式、思维等一系列宏观层面的变革。每个作者都是基于其本身的研究旨趣和学科背景来展开研究,不可能面面俱到,况且对于大数据侦查本身而言也没有绝对的统一研究范式。不过,在宏观、抽象层面上,目前学界大多基于比较的视角,将大数据侦查与传统侦查进行对比,对大数据侦查的模式、方法、思维等进行研究。在侦查模式上,大部分学者都将“数据”作为切入点,建立从数据到人、从数据到案的侦查模式;强调大数据的“预测”功能对犯罪侦查模式在时间维度上所带来的改变。在侦查思维上,学者们从大数据本身

---

〔1〕 马忠红:《信息化时代侦查思维方式之变革》,载《中国人民公安大学学报》(社会科学版),2011(1)。尽管本文中没有提到“大数据”,在当年大数据也还没有兴起,但是作者在这篇文章中的理念与当前的大数据思维不谋而合,有很多值得借鉴之处。

〔2〕 贾永生:《大数据视野下犯罪现场概念及其应用探讨》,载《政法学刊》,2013(4)。

〔3〕 赖继:《犯罪心理画像:原理再解读、标签卡与大数据前景》,载《四川警察学院学报》,2015(3)。

〔4〕 陶雨:《“大数据”视域下侦查情报变革及完善微探》,载《法制博览》,2016(6)。

的“全数据”“混杂性”以及“相关性”三个基本特征出发，衍生出大数据侦查的思维模式，其中尤其以“相关性”思维为重点——通过大数据的相关性思维模式来改变传统的因果关系思维模式，在此基础上发现更多的犯罪线索，提高侦查的效率。此外，还有很多诞生于传统侦查语境下的概念在大数据时代都有了新的定义，如犯罪现场、犯罪心理画像，等等。

五、有关大数据侦查所存在问题及回应的研究综述及评价

大数据在带来侦查技术变革、进步的同时，也会带来一系列的问题。有些问题是缘于大数据本身，例如大数据对隐私权的冲击在各个领域都不可避免；有些问题则是大数据这一中立技术在法律领域所特有的不适反应。

（一）技术方面的问题及回应

大数据侦查在技术方面所面临的问题大多缘于大数据本身的技术特征。张兆端(2014)指出目前大数据侦查技术体系建设中还面临着标准体系缺乏、忽视数据质量等问题。[1] 吕雪梅(2015)强调要设计犯罪特征算法模型，大力发展数据挖掘技术。[2] 冯冠筹(2014)强调要构建集数据存储、处理、分析于一体的警务中心。[3]

（二）机制方面的问题及回应

在大数据侦查的机制建设方面，目前最大的问题就是各个部门之间的数据壁垒，数据之间不能共享、开放，海量的数据资源就无法被盘活。吕雪梅(2015)强调要推动政府数据及社会数据的开放，注重数据质量。[4] 张俊岳(2014)强调要促进各级侦查机关之间的数据共享机制，规范数据使用分配权限，对数据运用进行全面记录。[5]

---

〔1〕 张兆端：《智慧警务：大数据时代的警务模式》，载《公安研究》，2014(6)。

〔2〕 吕雪梅：《美国预测警务中基于大数据的犯罪情报分析》，载《情报杂志》，2015(12)。

〔3〕 冯冠筹：《大数据时代实施预测警务探究》，载《广东公安科技》，2014(1)。

〔4〕 吕雪梅：《美国预测警务中基于大数据的犯罪情报分析》，载《情报杂志》，2015(12)。

〔5〕 张俊岳：《大数据背景下侦查工作的变革》，载《北京警察学院学报》，2014(4)。

（三）权利方面的问题及回应

隐私权是大数据侦查所面临的最重要问题之一，几乎所有学者都提到在侦查中大数据技术的运用会对公民的隐私权带来前所未有的威胁。赵峰等(2015)认为大数据侦查会对公民的"信息自决权"造成侵犯，尽管在刑事侦查中公民的个人信息权需要做出一些让步，但并非是无限度的。作者还提出在侦查过程中对涉及信息自决权的事项实施审批机制，以及引入独立的第三方对信息自决权进行评估等。[1] 吕雪梅(2015)提出在侦查机关收集、分析个人数据时，应遵守公开原则、收集限制原则、个人参与原则等。[2] 刘铭(2015)指出，在反恐中的大数据应用必将涉及公民的个人信息，从而会造成对公民隐私权的侵害。[3] 在美国，很多学者提出"大数据监控"的概念(big data surveillance)，通过新型的数据采集技术，对公民的各项数据进行收集，实现全方位监控。现在政府有能力收集、分析与个人有关的几乎所有数据，各种数据库、监控系统的建立就是"大数据监控"的最好体现。Miller Kevin(2014)认为，大数据对公民隐私权的侵犯是一种"从质到量"的变化，传统的隐私权关注对公民物理空间和私生活的侵犯，这是一种"质"的侵犯模式；而大数据则是通过一个个信息碎片组成海量的数据库，这些数据的单独使用都是合法的、无关隐私的，但是聚集起来进行再次分析后则会对个人隐私带来侵犯，这也是传统隐私法无法规制的。[4]

除了隐私权之外，大数据侦查对传统刑事诉讼中的一些程序性权利、法律原理也会带来影响。王晓楠(2015)和维克托·迈尔-舍恩伯格(2013)认为，大数据侦查涉及对未发生犯罪的处罚，嫌疑人所遭受的惩罚来源于

---

[1] 赵峰，俞私瑶，王金成：《现代侦查行为中"大数据"的应用风险研究——以信息自决权为视角》，载《法制博览》，2015(11)。

[2] 吕雪梅：《美国预测警务中基于大数据的犯罪情报分析》，载《情报杂志》，2015(12)。

[3] 刘铭：《大数据反恐应用中的法律问题分析》，载《河北法学》，2015(2)。

[4] See Miller, Kevin, "Total Surveillance, Big Data, and Predictive Crime Technology: Privacy's Perfect Storm", *Journal of Technology Law & Policy*, 1(2014), pp. 105-146.

未实施的行为，不利于人权保障，违背了无罪推定原则。[1] 梅建明(2007)则担忧数据挖掘技术所产生的错误，并由此而带来的“错判”风险，有可能放走坏人，也有可能冤枉无辜者，因此要提高数据挖掘的准确度。[2] Miller Kevin(2014)指出，大数据侦查中不可避免地带有人为主观偏见，从数据的收集、数据算法的设计到数据结果的执行，每一环节都离不开人为的操作，每个环节也都不可避免地带有人为主观偏见的影响。侦查执行环节，这些早期环节的人为价值偏见会在执行中被放大。[3] 在美国，很多学者认为大数据侦查侵犯了宪法第五修正案所保护的正当程序权利(due process)，这主要源于大数据侦查过程的不透明。大数据系统是一个“暗箱操作”(black box)的过程，人们只看到数据的输入和输出结果，而对其中间的运算过程却一无所知。在此过程中，公民的正当程序权无法得到保障。

通过对上述文献的梳理，我们大致可以了解大数据侦查目前所面临的技术、机制及权利方面的问题。大数据侦查是一个复杂的体系，技术上的攻克仅仅是基础环节，各部门之间的数据开放共享以及大数据专业人才队伍的建设是各侦查机关都需要面对的配套机制问题。另外，大数据侦查必然会对传统法律程序、法律权利带来冲击和影响。无论是对公民的隐私权，还是传统的正当程序价值、公平正义价值，大数据技术都显示出巨大的威慑力。因而，必须通过法律手段对大数据侦查进行规制，否则会给社会秩序及公平正义带来不利影响，有违大数据的伦理要求。不过上述文献对于这些问题的研究也并非面面俱到。例如大部分学者都提到了隐私权问题，但是大数据时代的隐私权不同于传统的隐私权，其更强调一种动态的权利机制，传统的隐私权保护方式已经不再适应大数据时代的隐私权，并且大部分学者对于如何协调隐私权与侦查权之间的关系并没有给出明晰的对策。

---

〔1〕 王晓楠：《大数据时代下的主动型侦查模式研究》，载《辽宁警专学院学报》，2015(3)。[英]维克托·迈尔-舍恩伯格，肯尼斯·库克耶：《大数据时代》，盛杨燕，周涛译，202～207页，杭州，浙江人民出版社，2013。

〔2〕 梅建明：《论反恐数据挖掘》，载《中国人民公安大学学报》(社会科学版)，2007(2)。

〔3〕 See Miller, Kevin, “Total Surveillance, Big Data, and Predictive Crime Technology: Privacy's Perfect Storm”, *Journal of Technology Law & Policy*, 1(2014), pp. 105-146.

第三节 创新及意义

一、创新之处

本书力求在传统的物理侦查空间之外,开辟出新的虚拟数据空间和数据侦查方法,以弥补传统侦查的不足和短板之处。传统的侦查大都局限于物理空间,侦查措施的展开只能依托于物理载体,所获取的信息也是有限的。大数据时代则创造出一个与物理空间完全相对的数据空间,任何人的一举一动在数据空间都有着对应的数据痕迹;数据空间甚至能够提供很多物理空间无法感应的信息,如物的状态、人的睡眠、健康等数据。数据空间无疑也为侦查提供了一个新的领域。本书正是基于此提出“大数据侦查”主题,探讨在大数据空间开展侦查的可行性,并分析大数据对侦查思维、侦查模式、侦查方法以及相关侦查制度带来的一系列变革。以期本研究能够开拓新的侦查空间和侦查方法,弥补传统侦查在技术、方法上的不足,为侦查领域注入新的发展动力。概言之,本书具有以下创新之处。

(1) 提出“大数据侦查”这一新的概念。传统侦查的概念一般指立案之后的侦查工作,但是本文认为立案前的预测型侦查却是大数据侦查的应有之义,因而如何协调传统侦查概念与大数据侦查概念之间的冲突是个难点。笔者思路是拓展传统侦查的范畴,构建广义上的“大数据侦查”概念。在此基础上,对大数据侦查与信息化侦查等概念之间进行辨析。

(2) 构建完整的大数据侦查体系。目前,大数据侦查在我国处于初步发展阶段,相关的技术、方法尚处于探索中,实务中的运用也呈零散混乱的状态。本书在提出“大数据侦查概念”的基础上,进一步将这些纷繁复杂的大数据侦查技术、方法进行整合,从大数据侦查的具体实务运用中提炼出抽象的、普适的侦查模式及侦查思维。构建清晰、完整的大数据侦查体系,为实务中大数据侦查的具体方法和运用情境的选择及判断提供指导。

(3) 回应大数据侦查中所存在的问题。大数据侦查技术不可避免地会对传统的侦查理论、侦查程序带来一系列冲击。例如大数据分析过程的不透明与正当程序原则之间的冲突，大数据相关性规则对司法证明原理产生的影响，大数据挖掘与个人信息权、个人隐私权之间的冲突等。鉴于目前大数据侦查尚处于探索阶段，很多问题都未真正凸显，如何发现并回应这些冲突也是本书的创新点之一。在提出这些问题的同时，笔者也在现有的法律框架内对大数据侦查的程序规制提出相关建议。

（4）将大数据侦查制度的构建与大数据本身的特征相融合。在大数据侦查制度的构建过程中，数据作为主体，必不可免地要涉及有关大数据本身的相关技术、机制，如何将其与现有的侦查制度相结合、成为具有特色的大数据侦查制度，也是本书的创新点之一。例如提出的要构建大数据侦查共享机制，就建立在数据共享基础之上，强调侦查机关内部的数据共享以及侦查机关与社会行业的数据共享，并建立与之相对应的侦查体制。

二、研究意义

本书将具有以下的理论和实践意义。

一是为大数据侦查的理论研究提供创新性观点。目前，我国有关大数据侦查的大部分文献是从技术角度对大数据在侦查中的运用进行介绍，对大数据侦查理论层面研究的深度还不够（如侦查思维、侦查模式等）。尽管也有一些文章涉及对大数据侦查相关理论的介绍，不过它们大多没有脱离大数据本身的理论范畴，抑或只是从传统侦查理论出发进行浅尝辄止的分析，很少有文章能够将大数据理论和侦查理论进行完美契合。而笔者认为，恰恰这两个领域的理论融合才是大数据侦查的理论精髓所在。因而，本书拟尝试对大数据理论和侦查理论的冲突和衔接进行探讨，在传统法律的框架下提出创新性的理论观点。

二是为大数据侦查的实务运用提供指导。从技术角度来说，大数据侦查是科学技术、方法的运用；从法律角度来看，大数据侦查是侦查程序的组成部分，理应遵守相关的法律程序规制。大数据在带来侦查技术、方法革新的同时,也会对传统的侦查理论、诉讼程序以及法律制度带来影响。尤其是目前大数据热的社会环境中,容易陷入"唯大数据论"的误区。如果不对大数据侦查进行法律程序上的规制,则很有可能对当事人的相关利益、正当程序造成侵害。因而,本文拟探讨大数据侦查可能带来的法律问题,并提出相关的程序、制度上的规制建议,为我国大数据侦查的法治化发展提供指导性规则。

第二章　大数据及大数据侦查介说

大数据在我国的兴起不过短短两三年光景，“大数据侦查”并非是个约定俗成的、标准的法律术语。笔者结合大数据特征以及大数据在侦查中运用情况，开创性地提出“大数据侦查”这一新概念。从字面上看，“大数据侦查”是由“大数据”和“侦查”两个词语组成的，本章通过对大数据的介绍，并结合传统侦查的基本原理，来界定阐述“大数据侦查”的含义。

第一节　大数据的介说

一、大数据的沿革与发展

（一）大数据的沿革

对于今天社会来说，“大数据”已不再是陌生的词汇，甚至可以称为时下最流行的词汇之一。各行各业似乎都能看到大数据的身影，从较早的互联网、电子商务等领域到现在的政务系统、医疗系统等各行业都在强调大数据的运用，甚至连学术研究都要开始倡导大数据方法。“大数据”一词从出现到普及不过短短几年光景，那么，大数据究竟从何而来呢？

首先，大数据的发展得益于海量数据的累积。大数据早期的形态可以追溯至20世纪末、21世纪初互联网的普及时期，这一时期为大数据的发展积累了丰厚的数据资源。随着互联网、计算机技术的发展，人们的工作、生活等逐渐延伸至虚拟空间。尤其是随着 Web 2.0 时代的到来，社交网络、电子商务平台、自媒体以及智能手机的兴起，人们开始在网络上留下大量数据痕迹。在这一阶段，数据呈现出海量爆发式增长。纵观我们的日常生活，手机记录了我们的地理位置数据、信用卡记录下我们的消费数据、电子病历记录下我们的健康数据，等等。几乎我们工作、生活中一举一动都被数据记录下来。[1] 这些海量的原始数据构成了大数据的雏形，为大数据的发展提供了原始材料。

其次，大数据的发展还得益于数据存储和数据管理技术的革新。在这方面较早试水的主要是美国的一些互联网企业，如谷歌、IBM、亚马孙等公司。促进大数据产生的技术有以下几方面：①数据存储技术。计算机领域有一个"摩尔定律"，强调集成电路容量的更新速度将呈指数式增长。近些年来，计算机等电子设备的存储容量迅速提升，尤其是云存储技术开始兴起，人们利用网络"云"资源对数据进行存储、计算，大大提高了数据的存储容量和存储效率。[2] ②数据处理技术。面对数量巨大的非结构化数据，分布式计算技术应运而生，能够对大规模非结构化数据进行分布处理，提高数据处理的速度和效率。[3] ③数据分析技术。数据分析技术的核心是数据挖掘，包括 A/B 测试、聚类分析、关联规则挖掘、自然语言处理、神经网络等技术。由此可见，数据存储和处理技术的提高大大推进了大数据的发展。

最后，大数据的发展还得益于人类认知能力的进步。抛去技术层面，从数据本身的角度来看，大数据的发展来源于人类测量、记录和分析世界的渴望。早在 19 世纪中期，一位名为莫里(Matthew Fontaine Maury)的美国航海家，通过人工观测方法记录了大量的大西洋航海数据，为当时的航海提供了有利的指导，减少了风险的发生、提高了航海效率。[4] 这一事例

---

[1] See Gary King，"Ensuring the Data-Rich Future of the Social Sciences"，*SCIENCE*，2011，p. 331.

[2] 这里的"云"是一种对互联网的比喻说法，云存储是一种新兴的网络存储技术。参见百度百科"云存储"词条，载百度百科网 http://baike. baidu. com/link? url = AeepGk3N9UEJycUwqbwngy3xkuRGFUK2fZiX1tjV7y5KYh04zHMQek27hmNNmqCGZZn1SzB5FO2D4Au0KkNVuq，2016 年 9 月 23 日访问。

[3] [日]城田真琴：《大数据的冲击》，周自恒译，27 页，北京，人民邮电出版社，2013。

[4] [英]维克托・迈尔-舍恩伯格，肯尼斯・库克耶：《大数据时代》，盛杨燕，周涛译，97～109 页，杭州，浙江人民出版社，2013。

中虽然没有任何的现代信息技术进行辅助，却是大数据思维的应用：将现象转化为数据形式进行记录和观察，并作为决策的依据。大数据本质上是一种“数”，有学者认为大数据是人类历史上的第二次数据革命；[1]还有学者认为大数据带来了人类历史上第三次工业革命，数据分析技术如同蒸汽技术、电力技术一样，将推动人类生产力的进一步发展。[2] 由此可见，大数据产生的最根本的动力还是来源于人类认知能力的进步。

（二）大数据的发展

国外媒体说 2013 年是世界大数据的元年，[3]美国、欧盟、日本等国家和地区的大数据发展都兴起于 2013 年前后。早在奥巴马政府之前，美国政府就已经开始用大数据技术进行行政管理；2009 年，美国建立了政府大数据网站(Data. gov)，用以公布政府各部门的数据，截至 2016 年 9 月已经有186 770 个数据库，涵盖农业、商业、消费、天气等 14 个领域；2012 年奥巴马政府将大数据上升为国家战略高度。[4] 欧盟及其成员国也明确提出大数据发展战略，强调数据的开放和共享，强调将数据的价值转化为生产动力。日本、印度、韩国、新加坡等国家也都将大数据纳入了国家发展计划。日本于 2010 年 7 月设立了政府大数据网站，公开政府数据，甚至还出现了专门的数据市场、数据经销商，将数据作为商品来进行生产和销售；[5] 2012 年日本政府将发展大数据作为国家战略。印度近两年也开始重视大数据，并提出建设大数据智慧城市的计划，韩国和新加坡都提出要建立“智慧国家”的计划。[6]

---

〔1〕 刘红，胡新红：《数据革命：从数到大数据的历史考察》，载《自然辩证法通讯》，2013(6)。

〔2〕 李军：《大数据——从海量到精准》，99 页，北京，清华大学出版社，2014。

〔3〕 参见林琳，林丽鹂，朱家顺：《2013 大数据元年》，载人民网 http://finance. people. com. cn/n/2013/1225/c1004-23938488. html，2016 年 1 月 20 日访问。

〔4〕 参见《美国：大数据国家战略》，载中云网 http://www. china-cloud. com/yunzixun/yunjisuanxinwen/20140107_22578. html，2015 年 12 月 20 日访问。

〔5〕 [日]城田真琴：《大数据的冲击》，周自恒译，177～203 页，北京，人民邮电出版社，2013。

〔6〕 贵阳大数据交易所：《2015 年中国大数据交易白皮书》(非出版物)，1～5 页，贵州，贵阳大数据交易所，2015。

图 2-1　美国政府大数据平台

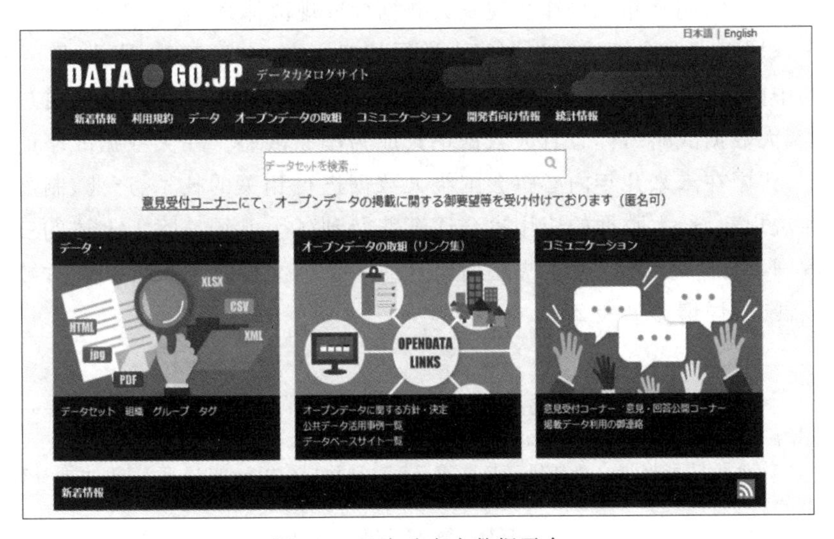

图 2-2　日本政府大数据平台

相比于上述国家，我国大数据的发展步伐要略慢一些。在我国的大数据发展进程中，实行的是地方战略先行的发展路径。近几年各省市纷纷推出地方大数据发展战略，如广东省在2012年启动大数据建设战略，推出统一的信息平台，建设智慧城市；[1]上海市在2013年启动大数据战略，规划了上海市从理论到技术，从产品到应用的大数据计划。[2]此外，陕西省也推出大数据产业发展战略，贵州省成立了大数据战略重点实验室，北京市将云计算和网格化技术运用至社会管理中。据悉，我国已经有超过两百个城市提出建设大数据智慧城市的计划。

如果说国外的大数据发展元年是2013年，那么我国的大数据发展元年则应该是2015年，这一年三件里程碑式的事件推动了大数据发展。第一，全国首家大数据交易所成立。2015年4月贵阳大数据交易所成立，成为全国首个大数据交易所。此后又出现了东湖交易所、长江交易所等专门的数据交易市场，以及新型数据交易的电商平台。我国的“大数据市场”已经初步形成。第二，国务院颁布《促进大数据发展行动纲要》。2015年8月31日国务院正式发布《促进大数据发展行动纲要》，强调了大数据的战略地位，提出政府数据资料开放和共享的计划，加强数据基础设施建设，推进大数据在工业、农业、服务业等各行各领域的建设应用。同时建立大数据安全保障体系，制定相关法律法规及大数据标准规范体系，等等。[3]第三，党的十八届五中全会正式提出国家大数据战略。在2015年10月26日至29日的中国共产党第十八届中央委员会第五次全体会议上，提出并通过了“国家大数据战略”，标志着大数据正式成为国家战略。在大数据战略的指导下，我国在未来几年内必将会围绕大数据进行相关的技术、产业、制度及法律法规建设，大数据的应用也会逐渐普及到各个领域。除了上述的三大里程碑事件外，近几年来中央层面出台的一系列文件也大大推动了大数据的发展。（详情参见表2-1）

---

〔1〕 参见《广东省率先启动大数据战略 相关工作正有序进行》，载中国政府网 http://www.gov.cn/gzdt/2012-12/06/content_2283845.htm，2016年9月25日访问。

〔2〕 参见《上海推进大数据研究与发展三年行动计划（2013—2015年）》，载上海科技网 http://www.stcsm.gov.cn/gk/ghjh/333008.htm，2016年9月25日访问。

〔3〕 参见《国务院促进大数据发展行动纲要》，国发〔2015〕50号。

表 2-1　中国大数据发展的重要事件

时　间	文件/规划/意见	思 想 内 容
2012 年 7 月	国务院《"十二五"国家战略性新兴产业发展规划》	将"新一代信息技术产业"作为重点发展方向之一
2013 年 1 月	工信部《关于数据中心建设布局的指导意见》	推动数据中心的建设和布局
2015 年 3 月	李克强总理的政府报告	制订"互联网＋"行动计划
2015 年 4 月	贵阳大数据交易中心	全国首家大数据交易所，进行大数据交易及相关的数据处理业务，促进数据的利用和流通
2015 年 7 月	国务院《关于积极推进"互联网＋"行动的指导意见》	要将互联网与其他制造、民生等领域相结合
2015 年 7 月	国务院办公厅《关于运用大数据加强对市场主体服务和监管的若干意见》	运用大数据加强对市场主体的服务和监管
2015 年 8 月	国务院《促进大数据发展行动纲要》	将大数据上升为国家战略高度，推动数据资源共享开放
2015 年 10 月	党的十八届五中全会	大数据国家战略
2016 年 3 月	"十三五"规划纲要	再次强调国家大数据战略

二、大数据的概念与特征

（一）大数据的概念

尽管各行各业都在强调大数据的运用，但是大部分人可能并不真正理解到底什么是大数据，不少人认为大数据仅仅是海量的数据集合。目前，专业领域内对于大数据的概念也并没有统一的认识，不过对大数据概念的界定肯定不仅仅局限于"数据"本身。

目前，学界对于大数据的概念主要有以下三种认识：第一，从大数据"大"的特征进行界定，强调大数据是海量数据的集合；[1]第二，对大数据进行综合、全面的界定，大数据不仅包括数据本身，还包括与大数据相关的技

〔1〕 [日]城田真琴：《大数据的冲击》，周自恒译，3 页，北京，人民邮电出版社，2013。白建军：《大数据对法学研究的些许影响》，载《中外法学》，2015(1)。

术、人才、制度等;[1]第三,从大数据的价值出发,强调大数据的核心价值在于背后所蕴藏的规律,这一观点以“大数据之父”舍恩伯格为代表。[2] 大数据本身就是个开放的理念,上述对大数据概念的不同界定,反映了学者们对大数据认识的多元化,他们从个人的知识结构和研究旨趣出发,对大数据有着不同角度的解读。

本书认为,大数据包括海量数据集、数据分析技术以及大数据分析结果这三层含义。首先,大数据是海量数据的集合,它们构成了大数据分析的基础,并且这些数据具有量大、结构多样特征。其次,大数据还是一种以数据挖掘为核心的数据分析技术,只有通过数据分析技术,才能够发掘出数据背后的价值。最后,大数据还强调经过分析、处理后所获取的数据结果,它们往往能够反映出数据背后的规律,是大数据的价值和精髓所在。总而言之,本书对大数据的理解基于广义的视角,海量数据集、数据分析技术、数据分析结果都属于大数据的范畴。另外,针对部分人对于大数据的误解,在理解大数据时还有以下三个要点。

(1) 大数据的基础在于“数据化”。在大数据的角度看来,任何事物、现象、行为都是由数据构成的,而通过数据的描述又可以还原出任何现象、行为及其背后的规律,这一“数据化”原理便是大数据运用的基础。[3] 在当代,随着传感技术的发展,人类数据化的范围和速度大大提升。从“人”的数据到“物”的数据,从身份数据到行动轨迹,甚至连睡眠、情绪都可以数据化,可以说“万物皆可数据化”“一切皆可量化”。

(2) 大数据的量大是相对的。大数据最直观的特征莫过于数据量之“大”了,那么数据量需要达到何种程度才可谓之于“大数据”呢,是不是一定要达到 PB、ZB 甚至只是 EB 的级别呢?其实,大数据之“大”是相对于小数据而言的。在传统的小数据时代,由于数据采集技术条件所限,人们只

---

[1] [日]城田真琴:《大数据的冲击》,周自恒译,8 页,北京,人民邮电出版社,2013。

[2] [英]维克托·迈尔-舍恩伯格,肯尼斯·库克耶:《大数据时代》,盛杨燕,周涛译,4 页,杭州,浙江人民出版社,2013。

[3] 王燃:《大数据时代个人信息保护视野下的电子取证》,载《山东警察学院学报》,2015(5)。

能采取抽样调查法，选取一定的样本进行对象的分析。在大数据时代，收集所有的数据不再是不可能的事情，完全可以通过相关技术收集到与某一事物相关的所有数据，达到“样本＝全体”的数量级。另外，大数据之“大”也是有限度的。数据之大是相对于分析对象而言，只要相对于分析对象是全体数据即可；况且，当数据超过一定量时，数据的继续增加并不会对结果有多少影响。因此当样本的数量大到足够得出结论时，便可以认为是所谓的“大数据”。[1]

(3) 大数据的核心在于数据背后的价值。大数据本身并不意味着大价值，如果不对数据进行分析、挖掘，大数据只是死气沉沉的“数据坟墓”。唯有灵活运用数据分析、处理技术，方能发现大数据背后的规律、特征，真正发挥大数据的价值。[2]

（二）大数据的特征

提到大数据的特征，学界的通说是大数据“3V”特征。这里的“V”是英文单词的缩写，3V 指的是 Volume（大容量）、Variety（多样性）和 Velocity（数据产生频率、更新频率快）。大数据的“3V”特征说法最早来源是 2001 年麦塔集团（META Group）分析员道格·莱尼（Doug Laney）的一份演讲报告，报告中指出未来数据管理将会面临这三个方面的挑战。[3] 后来“3V”特征说就成了大数据特征的通说，并一直沿用至今。此后，很多学者又在“3V”特征上发展出其他特征，如 Veracity（大数据的准确性），Variability（大数据的异变性）、Value（大数据的价值），等等。[4]

第一，容量大（Volume）。人类的数据量已经从传统的 KB、MB 增长到 TB、PB 乃至 ZB，随着数据化的趋势及互联网的发展，未来数据量还会继续增长。据相关数据统计，每一天互联网上产生的数据可以刻满 1 亿多张

---

[1] 白建军：《大数据对法学研究的些许影响》，载《中外法学》，2015(11)。

[2] 单志广：《关于促进大数据发展行动纲要解读》，载新华网 http://news.xinhuanet.com/info/2015-09/17/c_134632375.htm，2016 年 9 月 25 日访问。

[3] 维基百科 big data 词条，载维基百科网 http://en.wikipedia.org/wiki/Big_data，2016 年 9 月 25 日访问。

[4] 王燃：《大数据时代个人信息保护视野下的电子取证》，载《山东警察学院学报》，2015(5)。

DVD,发出近3000亿封邮件,200万个帖子,上传2.5亿张图片。[1] 预计2020年全球的数据量将会达到35ZB,这意味着在最近两年产生的数据量相当于人类之前所有数据量的总和。[2]

第二,多样性(Variety)。多样性主要是指大数据所包含数据类型的繁多。大部分的大数据都是以非结构化数据的形式存在,如日志文件、点击流、富文本文档、网页、多媒体等。[3] 它们处理起来相对困难,所需要的数据分析技术也更加复杂。

第三,速度快(Velocity)。在以前,都是对数据进行事后收集、分析,具有一定的滞后性。然而在大数据时代,数据产生、更新的速度越来越快,各行各业都强调对数据进行实时的流处理,以保证数据的新鲜度。

上述的"3V"特征是从数据本身的属性出发。当大部分学者都在关注大数据本身的属性特征时,也有个别先驱者从更深层次的思维、方法论角度去探索大数据的特征。长久以来,我们对世界的认知都是遵循"小数据"逻辑思维,依托一个独立的数据点产生的直觉来分析问题。[4] 相比于小数据时代的思维方法,大数据在思维方面的特征主要体现在以下几个方面。

第一,全数据。在小数据时代,由于人类获取信息的能力有限,一直采用抽样调查的方法,希望通过科学的抽样方法来获取尽可能准确的统计结果。但即使选取样本的方法再科学,也无法获取全部的数据,而一些重要的信息很可能就在这些"非样本"数据中。然而,抽样法只是小数据时代不得已而采取的办法,在大数据时代我们完全有条件去获得某个研究对象的所有数据,不必再拘泥于技术条件所限进行数据抽样分析,这样便不会错过任何一个数据中所隐藏的信息。

第二,混杂性。在小数据时代,由于抽样的数据量有限,因而对每个数据的质量要求都很高。然而,在大数据时代,由于数据量的巨大、数据结构

---

〔1〕《互联网上一天:发2940亿邮件 下载3500万应用》,载腾讯网 http://tech.qq.com/a/20120306/000306_2.htm,2016年9月26日访问。

〔2〕赵刚:《大数据——技术与应用实践指南》,2页,北京,电子工业出版社,2013。

〔3〕赵刚:《大数据——技术与应用实践指南》,9~11页,北京,电子工业出版社,2013。

〔4〕赵伟:《大数据在中国》,140页,南京,江苏文艺出版社,2014。

的混杂，很难保证每一数据都精准无误；并且数据量的巨大往往可以忽略、抵消这些误差。此外，物理学的经验告诉我们，误差从来都是存在的，数据错误不是大数据才有的特性。〔1〕 总之，大数据更强调数据的完整性和混杂性，通过纷繁复杂、多元化的数据去认知世界。

第三，相关性。小数据时代人们遵循的是因果逻辑思维。我们预先确立了研究对象，之后根据主题去搜集相关数据，这些数据往往带有一定的“假想性”，得出的结果有较强的因果关系。因果关系强调不仅要知道是什么，还要知道为什么。而在大数据方法中，我们则可以不带任何偏见、设想地对数据进行分析。大数据算法能够直接告诉我们数据之间的相关关系，即“是什么”而非“为什么”。很多时候，我们知道“是什么”就已经足够了。这方面最典型的例子莫过于“啤酒和尿布”的故事——美国沃尔玛超市对销售数据分析后发现，啤酒与尿布经常出现同一购物篮中，超市也并不知道这其中的缘由，但超市需要做的就是根据大数据分析结果，将尿布与啤酒放在一起销售即可。〔2〕

总之，大数据不仅仅具有容量大、速度快和多样性的特征，更是推动了人类思维方式、方法论的进步和革新。正如有学者认为大数据思维是一种数据化的“整体思维”“更多”“更杂”“更好”的特征推动了人类生产力的进步。〔3〕

第二节　大数据侦查的介说

在提出大数据侦查的概念之前，我们先通过一则实务案例去直观感受大数据在侦查中的作用。

犯罪嫌疑人苑某因盗窃罪被J省X县公安机关抓获。苑某长期在高

---

〔1〕 [英]维克托·迈尔-舍恩伯格，肯尼斯·库克耶：《大数据时代》，盛杨燕，周涛译，56页，杭州，浙江人民出版社，2013。

〔2〕 后来经分析，发现是因为年轻的父亲在购买尿布时，通常也会顺便购买一打啤酒作为对自己的奖励。

〔3〕 黄欣荣：《大数据时代的哲学变革》，载《光明日报》，2014年12月3日，第15版。

速公路上选择货运车作为盗窃目标，采取夜间并车行驶的方法，利用驾驶员右后视镜盲区，盗取货车上的物品。公安机关共审理查明了嫌疑人2012年2月23～24日在J省X县境内的3起扒车盗窃事实。在公安机关侦查阶段，犯罪嫌疑人苑某做了6次供述，前后供述稳定，且与部分被害人供述、证人证言能够相互印证。但是在检察机关审查起诉阶段，犯罪嫌疑人却翻供，声称其遭受了警察的刑讯逼供，供述都是按照公安的指示交代的，并声称其从未去过J省X县（嫌疑人苑某是外地H省人），盗窃现场笔录及指认照片都在警察诱导下所作，自己根本不知道那地方。当时，侦查人员认定事实的主要依据就是犯罪嫌疑人的供述，以及部分证人证言、被害人陈述、现场勘验笔录，而案件中大部分赃物已经下落不明，作案车辆也尚未找到。因此，案件一时陷入了僵局。在补充侦查阶段，但侦查人员巧妙调取了嫌疑人在案发期间的手机基站数据，基站数据反映，案发时段的嫌疑人的7次通话地点都是案发地点J省X县。最终，检察机关认为嫌疑人侦查阶段供述稳定，且与证人证言、被害人陈述以及手机基站数据相印证，认定了嫌疑人的盗窃事实。

本案例是笔者与J省X县基层检察人员访谈时所获取的案例。案件承办人员表示，如果不是因为补查阶段所获取的手机基站数据，就无法印证嫌疑人供述的真实可靠性，从而也就无法定案了。其实，本案中的手机基站数据的运用就反映了“大数据”思维。基站数据本身是对嫌疑人时空位置的“数据化”，通过对手机基站数据查询也就间接地还原了嫌疑人当时的时空位置。据反映，实务中通过“大数据”来侦破的类似案例也越来越多，在此大趋势下，本书提出“大数据侦查”的概念。

一、大数据侦查概念的提出

（一）传统“侦查”的概念

在提出大数据侦查概念之前，我们需要先厘清传统“侦查”的含义。早在20世纪七八十年代，我国对“侦查”和“侦察”这一对概念尚还辨别不清，实务及理论界运用混乱。“侦察”与军事活动相关，不是严格的法律术语；

而侦查则是专门的法律术语，更具有规范性。[1] 随着现代法治化的进程，“侦查”一词也逐渐取代了“侦察”，作为法定用语。

我国《刑事诉讼法》第 106 条第 1 款明确指出了“侦查”的主体和内容，大部分学者也是根据这一法律规定出发，来理解侦查的内涵。[2] 总而言之，“传统”侦查概念具有以下内涵：第一，侦查的主体是法定的国家机关，以公安机关和检察机关为主；在一定情形下，国家安全机关、军队保卫部门、监狱等机关也享有一定的侦查权。第二，侦查启动的时间必须是在立案之后。在我国，立案是侦查的前置程序，唯有经过法定立案才能开启侦查程序。第三，侦查的内容包括调查取证措施和强制性措施。第四，侦查作为一项诉讼活动，往往涉及对公民权利的剥夺，因此必须依照法定程序进行。[3]

尽管传统侦查的概念已经基本形成通说，但笔者认为，上述的观点仍具有一定的局限性。例如就侦查的内容而言，除了法律明文规定的侦查措施外，实务中还经常运用到法未明文规定的侦查措施，如围追堵截、跟踪守候、外线侦查、特情侦查，等等。所有揭露、证实犯罪，抓捕嫌疑人，收集犯罪证据的方法均应视为侦查措施。[4] 就侦查时间而言，通说认为侦查必须在立案之后才能启动，但这往往与实践中的做法相悖。立案需要建立在“发现犯罪事实或者犯罪嫌疑人”的基础上，然而不经过一定的调查措施则无法确定犯罪事实及犯罪嫌疑人。因此实务中存在着“初查”及“立线侦查”的做法，这就与法定的侦查时间形成了悖论。不少学者也开始对侦查

---

〔1〕 马海舰：《侦查措施新论》，1～2 页，北京，法律出版社，2012。

〔2〕 例如有学者认为侦查是国家法定机关在办理刑事案件过程中，为收集犯罪证据和查获犯罪人而依法进行的专门调查工行和有关强制性措施。陈永生：《侦查程序原理论》，21 页，北京，中国人民公安大学出版社，2003。例如有学者认为侦查是警察机关和检察机关在办理刑事案件的过程中，为了收集证据，揭露犯罪，揭发犯罪人而依照法律规定所实施的调查性措施和强制措施。任惠华：《侦查学原理》，119 页，北京，法律出版社，2002。

〔3〕 何家弘：《新编犯罪侦查学》，60～61 页，北京，中国法制出版社，2007。

〔4〕 马海舰：《侦查措施新论》，14 页，北京，法律出版社，2012。

的启动时间提出质疑，建议将侦查启动时间提前至立案之前。[1] 有学者指出，“侦查”的概念本身就具有多样性和开放性，可以被理解为一个过程、一套程序、一种权力等，正是概念界定的多元化和开放性，才有利于我们推进与侦查相关范畴的研究。[2] 本文也立足于开放性的侦查概念，并在此基础上去建立大数据侦查的内涵。

（二）“大数据侦查”的概念

本书所谓的“大数据侦查”并不是个标准的法律概念，学理界也并未有约定俗成的界定。虽然近两年大数据在侦查领域的运用也已经有了不少研究成果，但是目前大数据侦查的研究仍在感性层面摸索前进，在理论和实践层面都尚未形成成熟的体系。大部分学者多是将大数据作为侦查背景，或者将其作为新的侦查技术来展开研究。本书在传统侦查概念及现有研究的基础上，从广义和狭义两个角度去理解“大数据侦查”的概念。

从广义角度来看，“大数据侦查”包括大数据侦查思维、大数据侦查模式、大数据侦查方法、大数据侦查机制等完整的体系。本书也拟以大数据作为主线，串联起整个大数据侦查的框架，探讨大数据技术对侦查模式、侦查方法、侦查思维、侦查制度等方面带来的一系列影响与变革，构成一幅完整的“大数据侦查”图景。

从狭义角度来看，大数据侦查则着重强调侦查中对大数据技术的运用。可以将其界定如下：“大数据侦查”是指法定侦查机关针对已发生或尚未发生的犯罪行为，为了查明犯罪事实、预测犯罪等，所采取的一切以大数据技术为核心的相关侦查行为。相比于传统侦查的概念，“大数据侦查”需要注意以下几点。

第一，大数据侦查的外延要宽于传统侦查。传统的侦查概念中将侦查对象限定为已经确定立案的刑事案件，没有立案的不能对其实施侦查。但本书拟构建一种广义上的侦查理念，将侦查的时间外延向前延伸，将“预测

---

〔1〕 孙展明：《论我国侦查启动模式的重构》，载《中南林业科技大学学报》（社会科学版），2011(2)。

〔2〕 郭冰：《侦查学基础理论研究》，59～60页，北京，中国人民公安大学出版社，2010。

型侦查"纳入其中。具体来说,大数据侦查的对象可以分为两类,一类与传统侦查的对象一致,是已经发生的、确已立案的犯罪活动;另一类则是尚未发生或者即将发生的犯罪活动,以及虽已经发生但未被察觉、未被立案的犯罪活动。概言之,已经发生的犯罪行为和尚未发生的犯罪行为,都是大数据侦查的对象。本书之所以将大数据侦查的时间轴向前延伸,是基于以下几点考量:①传统的立案侦查本就不具有合理性。我国刑事诉讼法规定侦查程序只能在立案之后才能启动,而立案必须达到"发现犯罪事实或嫌疑人"的要求。但是,很多时候为了发现犯罪事实或嫌疑人又必须采取一定的侦查活动,如此一来,便与法定的立案侦查形成了矛盾,实务中也不乏初查和立线侦查的做法。况且,破案讲究时效性,很多时候待到立案之后再实施侦查活动,往往就延误了最佳破案时机。鉴于此,越来越多的学者呼吁将启动侦查程序的时间提前。[1] ②大数据为犯罪预测提供了技术方法支持。大数据最核心的价值就在于预测,其能够通过回归分析、聚类分析等数据挖掘技术来发现事物之间的关系及发展规律,将之用于未来时空便能在一定程度上实现对特定领域的预测。对于犯罪活动同样如此,大数据技术方法能够实现对犯罪地点、犯罪类型、犯罪嫌疑人等信息的预测,在一些犯罪活动尚未发生时就能够及时将其识别。[2] ③有利于保障国家和公民的利益,维护社会稳定。犯罪是小部分犯罪分子对国家和公民利益造成了侵害。对于普通公民而言,将侦查时间提前,尤其是在犯罪活动尚未发生、扩大之时就及时将其预测并遏制,有利于防患于未然,保障国家和公民的利益免受侵害,保障社会秩序的稳定。即便是对于犯罪分子本身而言,在犯罪活动开始之前所接受的惩戒、教育也远比在犯罪活动完成后所面临的惩罚小得多。④有利于合理分配侦查资源,提高侦查效率。在立案之后采取侦查措施,侦查人员往往处于被动地位,侦查行为容易被犯罪嫌

---

〔1〕 孙展明:《论我国侦查启动模式的重构》,载《中南林业科技大学学报》(社会科学版),2011(2)。

〔2〕 犯罪预测并非新事物,但是过去的犯罪预测主要是基于人们的主观经验和简单的数据统计。而大数据在预测方面的巨大功能则大大提高了犯罪预测的准确性,越来越多的侦查部门开始将大数据技术吸收至对未来犯罪活动的预测中去。

疑人所牵制，局势被犯罪嫌疑人所主导，从而导致侦查成本增加，侦查效益降低。而在大数据侦查中，侦查时间的提前使得侦查人员处于主动地位，能够从整体上把控局势，有的放矢地投放侦查资源；对犯罪活动的预测防范，更是避免了侦查资源的无谓投入，提高了侦查效益。⑤大数据预测型侦查已然成为时代发展趋势。目前，很多侦查实务部门都开始利用大数据、人工智能等技术，提前预知犯罪活动的发生，并据此展开警力部署，在犯罪活动发生前就将其制止。例如美国警方利用 PredPol、COMPASTAT 等软件去预测热点犯罪区域，我国北京怀柔警方也有着类似的做法。随着未来大数据技术的发展，侦查人员对于犯罪时间、地点、类型及犯罪人群的预测将会越来越准确，大数据预测型侦查的发展必将是大势所趋。总而言之，大数据侦查将侦查活动的外延向前延伸，从已经立案的案件拓展到尚未发生，或已发生但未被发现的案件，从而将一些犯罪苗头、犯罪准备活动等相关问题也都纳入其中。[1]

第二，大数据侦查的目的比传统侦查更全面。大数据侦查的目的是查明犯罪事实及预防犯罪活动的发生。在传统的侦查概念中，侦查目的一般包括查明案情、收集证据、抓获嫌疑人等，总体而言还是以查明犯罪为主。而大数据侦查的目的除了查明犯罪外，还包括预防犯罪。在当今大数据时代，预测、预防犯罪都已经具有了技术条件上的可能性，如果还将侦查的目的局限于对犯罪活动事后的侦查，那么根本无法应对当今时代瞬息万变的犯罪活动。另外，将大数据侦查的目的归纳为查明犯罪事实及预防犯罪，也与大数据侦查的对象相对应。最后，从侦查的上位概念——刑事诉讼程序出发，其目的不仅仅是查明犯罪事实、打击犯罪，更重要的在于保护公民的人身、财产等权利。预防犯罪更有利于从源头上保护公民的权利，将其作为侦查的目的具有实质上合理性。[2]

---

〔1〕 吕雪梅：《美国预测警务中基于大数据的犯罪情报分析》，载《情报杂志》，2015(12)。

〔2〕 这里所说的预防犯罪，仅仅是从目的角度去阐述大数据侦查的概念，并不是本书讨论的重点。概言之，犯罪预测属于大数据侦查的范畴，而犯罪预防虽然是犯罪预测的后续行为，但并非属于本书所讨论的大数据侦查范畴，其更多地属于犯罪学领域。

第三，大数据侦查的技术性比传统侦查更强。传统侦查中所采取的措施主要依靠人力、脑力劳动或者辅之以简单工具的帮助，而大数据侦查则离不开数据科学、人工智能等专业技术的帮助。例如传统侦查中，侦查人员往往采用蹲点守候的方式来确定嫌疑人等相关人员的落脚点，需要耗费大量的精力和时间；如果采用大数据侦查技术，则可以根据嫌疑人的常用网购地址数据或者手机基站位置等数据来确定其落脚点。

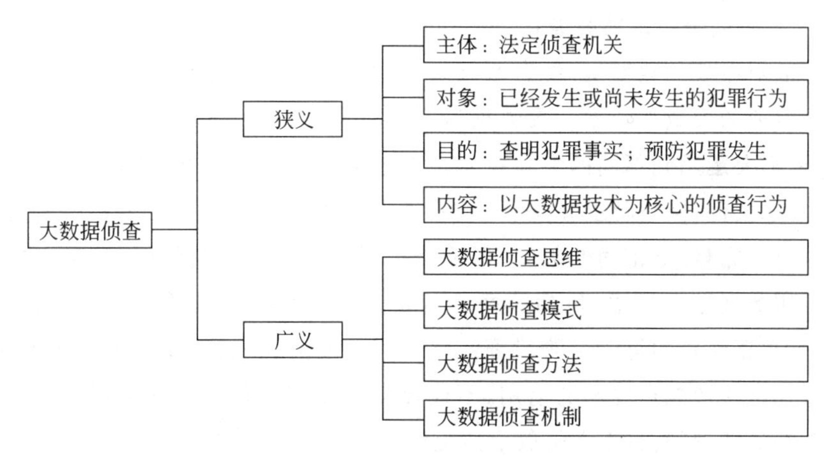

图 2-3　大数据侦查概念

二、大数据侦查的特征

（一）侦查空间的数据化

有学者曾经提出多网络时代“双层社会”的理论，意指网络空间和现实空间的渗透融合。[1] 大数据时代的到来，又赋予了“双层社会”新的内涵。互联网就像是一个光源，数据相当于阴影，有光源的地方就会有阴影，几乎人类所有的想法和行为都被数据记录下来，并且一旦记录下来就不会消除。从而形成一个与现实空间相对应的、相平行的虚拟数据空间，我们每

〔1〕 于志刚、郭旨龙：《信息时代犯罪定量标准的体系化构建》，28～29 页，北京，中国法制出版社，2013。

个人都可以在数据空间找到与自己相对应的“数据人”。[1] 大数据侦查则正是在这样的一个平行数据空间中展开的，侦查人员根据现实空间的人和事物去找到其对应的数据形式，再从数据空间返回到现实空间。通过现实空间与数据空间的交叉，通过数字阴影之间的碰撞，很多与犯罪行为相关的线索、信息就显现出来了。所以说，大数据侦查的环境是与现实空间相平行的数据空间。

（二）侦查技术的智能化

面对海量的数据集，仅靠侦查人员的人工分析是完全不可能的，必须运用专业的大数据技术。大数据涉及计算机、数据科学、人工智能等多个学科，需要运用到不同的专业技术。如在数据采集环节，需要运用传感技术、日志文件、网络爬虫等技术；[2]在数据清洗环节，需要运用专门的软件，来修正不完整、不正确的数据，保障数据源的质量；在数据分析环节，则需要运用数据挖掘技术，包括关联性分析、分类分析、偏差检测等。由此可见，大数据侦查的每一个阶段都需要运用到专业化、智能化的大数据相关技术。这些智能化技术的运用，不仅提高了侦查工作的准确性，加快案件侦破的进度；同时也大大解放了传统侦查中的人力劳动、人海战术，推动了侦查领域生产力的解放。

（三）侦查思维的相关性

侦查活动实际上就是一个重构犯罪的过程，侦查人员根据犯罪行为所留下的痕迹、线索及证据，逐渐回溯性地去还原犯罪事实的过程。其中，犯罪行为是“因”，犯罪现场所遗留的线索、证据是“果”，侦查活动就是由果及因、以果溯因的过程，是一个不断假设、验证、再假设、再验证的过程，遵循人类一直以来的因果关系思考模式。如侦查人员在现场发现一枚指印，猜测其是犯罪分子所留，并通过指纹鉴定、比对技术，发现果然与公安机关数据库中的犯罪分子指纹相吻合，这便是一个由假设到验证的因果思维过程。

---

[1] 王宁：《知道吗？我们原来生活在“数字阴影”和“平行宇宙”中》（非出版物），北京，2016年新经济智库大会的发言内容。

[2] 李学龙，龚海刚：《大数据系统综述》，载《中国科学：信息科学》，2015(1)。

而大数据最典型的思维特征是“相关性”，将事物、行为转化为数据，通过数据运算来发现各要素之间有无相关性。大数据只发掘事物之间有无相关性，而不去探寻它们之间为什么有关系，即“知其然而不知其所以然”。这种方式耗时少、成本小，相比于人类的主观分析，数据得出的结果也更具有客观性和说服力。大数据的相关性思维同样会对侦查活动产生影响，侦查人员通过对虚拟空间的数据进行碰撞、挖掘，会发现大量数据间的相关关系，从而为侦查提供线索。但是，机器的数理逻辑与人类的主观经验逻辑毕竟不同，有些数据相关性能够进行因果解释，而有些数据的相关性则无法找到因果解释。因此，侦查人员还需要运用传统侦查经验，对大数据所提供的“数据线索”进一步分析和验证。不过无论如何，大数据的相关性思维都为侦查活动打开了新的思维视角。

三、大数据侦查与技术侦查、侦查技术

在侦查学中，侦查技术和技术侦查是一对容易混淆的概念。在大数据技术进入侦查领域后，有人认为其是一种侦查技术，也有人认为是技术侦查。那么大数据侦查究竟属于侦查技术还是技术侦查呢，大数据侦查与这两者之间又有怎样的关系呢？

（一）大数据侦查与技术侦查

技术侦查是指侦查机关针对某些类型的犯罪，在秘密的情况下所采取的具有一定科学性、技术性的侦查措施。[1] 2012年《刑事诉讼法》修改时正式赋予了技术侦查的法定地位，《刑事诉讼法》第二章第八节专门规定了技术侦查措施的相关规定。技术侦查具有以下特征：一是技术性，技术侦查需要借助一定的科学技术手段，如电子监听、监控等，不包括传统利用人力的跟踪、监视等措施；二是秘密性，技术侦查强调秘密性，不能让犯罪嫌疑人有所察觉；三是技术侦查针对的是尚未实施或正在实施的行为，只有尚未完成的违法犯罪行为才具有实施技术侦查的必要；四是技术侦查一般

〔1〕 张慧明：《技术侦查相关概念辨析》，载《中国刑警学院学报》，2012(4)。

会对公民的隐私权、通讯自由等权利造成侵害。[1]

大数据侦查与技术侦查在运用范围、程序规定、技术内容等方面都有所不同。首先，二者的运用范围不同。根据刑事诉讼法的相关规定，技术侦查只能运用于危害国家安全犯罪、恐怖活动犯罪等几类法定的犯罪活动中；而大数据侦查的运用则没有案件种类的要求。其次，二者的程序规定不同。技术侦查由于涉及公民的重要权利，需要履行严格的审批程序；而大数据侦查一般程序要求没有技术侦查严格。最后，二者的技术内容也不同。技术侦查一般是指电话监听、网络监控、密拍、技术定位等技术；而大数据侦查则重点强调数据分析处理技术。

然而，大数据侦查与技术侦查也有交叉之处。技术侦查中可能会运用到大数据侦查方法，大数据时代完全可以将一些大数据技术吸收至传统的技术侦查措施中去；部分大数据侦查也可能会涉及技术侦查程序。不过，大数据侦查本身是中立的，被纳入技术侦查范畴的大数据侦查措施并非由于其技术特征，主要还是缘于其使用方式和使用情境。尤其是针对尚未发生的或即将发生的犯罪行为，需要采取秘密的“大数据监控”方式去获取嫌疑人相关数据的情境。例如在一些恐怖活动犯罪、毒品犯罪中，为了不打草惊蛇、全面掌握犯罪事实，侦查人员会对嫌疑人的银行账户数据、话单数据、社交网站数据、即时通讯数据等进行秘密监控，并通过关联关系、异常分析等数据挖掘技术来寻找数据背后的规律，从而及时发现相关犯罪线索。对于技术侦查情境下的大数据侦查，应当根据《刑事诉讼法》第148～150条的规定来进行规制。

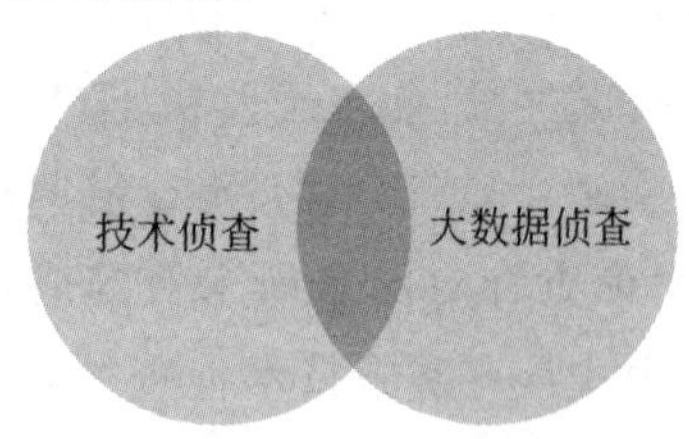

图 2-4　技术侦查与大数据侦查

[1] 廖斌，张中：《技术侦查规范化研究》，3～5页，北京，法律出版社，2015。

（二）大数据侦查与侦查技术

侦查技术并不是个法定的术语，在学理界，侦查技术强调侦查机关在刑事侦查中对科学技术的运用，既包括传统的物理取证、检验等技术，也包括随着信息化发展而产生的电子取证技术、信息化取证等。[1]“侦查技术”还有广义和狭义之分。从狭义上来说，侦查技术不包括具有秘密性的技术侦查措施，而是特指公开的侦查技术手段，如电子取证技术、视频技术、测谎技术等；从广义上讲，侦查中凡是采取科学技术、方法、知识的措施都属于侦查技术范畴，包括上文提到的“技术侦查”措施，本书语境中即选取广义的侦查技术概念。

大数据侦查与侦查技术是从属关系，大数据侦查属于侦查技术范畴。大数据侦查中最核心的部分就是大数据技术的运用，无论是数据的收集、存储还是数据分析、数据呈现都离不开专业的大数据技术。大数据技术依托于现代的网络通讯技术、传感技术、数据库技术、数据挖掘技术、人工智能等一系列复杂的科学技术体系。常见的大数据侦查方法有数据搜索、数据碰撞、数据挖掘、犯罪网络关系分析、数据画像等，它们都属于侦查技术的范畴。相比于传统的勘验技术、鉴定技术等，大数据侦查技术毫不逊色。因而从广义上来说，大数据侦查属于侦查技术范畴。

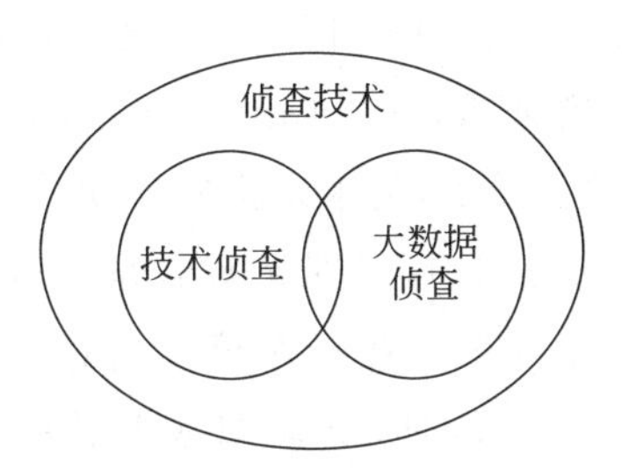

图 2-5　侦查技术与大数据侦查

〔1〕 张慧明：《技术侦查相关概念辨析》，载《中国刑警学院学报》，2012(4)。

四、大数据侦查与信息化侦查、情报导侦

随着大数据技术在侦查中的运用，不少学者也提出大数据侦查与我们常说的的情报导侦、信息化侦查之间是怎样关系的疑问。在本书语境下，笔者认为大数据侦查与情报导侦、信息化侦查是不同的概念，但是它们之间又有着密不可分的联系。

（一）大数据侦查与情报导侦

情报就是人与人之间信息的传递，是伴随着人类社会产生和发展的一种古老现象。随着人类传播媒介的发展，情报逐渐从肢体动作、语言、书面文字发展到现代的网络和无线通信等传递方式。顾名思义，情报导侦就是强调人类的“情报思维”在侦查中的运用。自从新中国成立之后，我国情报导侦工作就开始起步、发展，情报导侦是指侦查机关对侦查中的各种证据、资料、线索等情报的获取，并对其进行分析研判，从而为刑事侦查、犯罪预防等工作提供指导和方向。随着信息技术的发展，情报导侦也逐渐从有形的、物理空间的情报，如人身痕迹特征、痕迹物证、作案工具等信息，发展到无形的、虚拟空间的情报，如各种数据库信息、电子数据信息等。情报导侦的外延包括与侦查工作有关的各种信息，内涵主要强调对情报信息的分析、研判，将情报信息转化为有用的知识。[1] 随着情报导侦工作的开展，情报不仅仅局限于对个案的侦破，还可以通过对不同时期犯罪情报的汇总、分析，总结归纳犯罪规律和特点，为未来犯罪活动的预测提供信息。[2]

情报导侦与大数据侦查既有区别又有联系。就区别而言，首先，二者的侧重点不同。情报导侦的核心在于对情报信息的分析、研判；而大数据侦查不仅强调对数据的分析，同时更强调数据分析的技术、方法与思维。其次，二者的载体不同。情报导侦的载体是情报资料，其具体以何种方式所呈现则没有要求；而大数据侦查的载体则是可供分析计算的数据。最后，二者的分析方法不同。情报导侦既可以是人为的主观经验分析，也可

〔1〕 彭之辉：《关于公安情报概念的理解》，载《公安学刊》，2007(1)。

〔2〕 任惠华主编：《侦查学演讲录》，265、292页，北京，法律出版社，2010。

以是计算机等机器进行的分析；而大数据侦查则主要运用计算机来进行分析处理。不过，情报导侦和大数据侦查也有相联系之处。二者都强调对初始情报资料、原始数据的加工分析，强调通过寻找规律来对未来犯罪进行预测。

人类每一次的技术革命都为情报导侦注入了新的发展动力，在当前大数据的革命浪潮下，大数据技术、大数据思维方式不可避免地对传统的情报导侦产生影响，情报导侦在内容、传递和分析方式上将朝着纵深方向进一步发展。

（二）大数据侦查与信息化侦查

"信息化"一词起源于20世纪60年代的日本。自八九十年代开始，我国各个领域开始受到信息化技术的冲击，侦查领域自然也不例外。信息化侦查就是随着信息化技术的发展而出现的侦查模式。从公安部第一代"金盾工程"的建设开始，我国的侦查领域便开启了信息化的历程。信息化侦查以"信息"(information)作为主要内容，依托计算机技术、网络技术，收集和挖掘虚拟空间的各种信息，用于案件侦破工作。相比于传统的人证、物证等物理空间的侦查方式而言，信息化侦查主要强调信息化技术对于侦查工作方式带来的影响和变革。[1]

那么，大数据侦查与信息化侦查之间的关系是怎样的呢？从名称上看，二者是不同的概念；但也有怀疑论者认为大数据侦查与信息化侦查只是名称的不同而已，并没有实质的差异；还有学者认为信息化侦查由业务信息主导的侦查模式和大数据驱动的侦查模式组成，大数据侦查是信息化侦查的组成部分。[2] 笔者认为，大数据侦查是信息化侦查的组成部分，是信息化侦查在当今时代的体现。信息化侦查本质上就是强调信息技术对于侦查工作的影响，而大数据恰恰是信息化技术在当前发展的体现，因而大数据侦查也是时代背景下信息化侦查的必然发展阶段。

---

〔1〕 陈刚：《信息化侦查教程》，2、13页，北京，中国人民公安大学出版社，2012。

〔2〕 何军：《大数据与侦查模式变革研究》，载《中国人民公安大学学报》(社会科学版)，2015(1)。

不过，就以往信息化侦查而言，大数据侦查在侧重点、技术特征方面也与其有所不同。信息化侦查的侧重点在于强调侦查工作中对于信息技术的运用；而大数据侦查中除了运用专业技术外，还强调其特有的大数据思维，以及大数据侦查的模式。信息化侦查中所涉及的技术主要包括计算机、信息网络、通讯等；而大数据侦查中还涉及数据处理、人工智能、神经网络等新的技术。[1]

（三）大数据侦查的传承与发展

大数据侦查并非一蹴而就的新事物，也不是与情报导侦、信息化侦查完全相对的概念，而是随着大数据技术的出现，在已有的情报导侦、信息化侦查基础上发展而来，是对传统情报导侦、信息化侦查的传承和发展。“传承”强调信息化侦查、情报导侦已有的建树为大数据侦查所提供的基础，“发展”强调大数据侦查对信息化侦查、情报导侦的推进作用。

大数据侦查对传统情报导侦、信息化侦查的传承主要体现在以下两个方面。(1)多年来的信息化侦查建设为大数据侦查提供了丰富的数据源。公安机关基于其治安管理及打击犯罪等职务需求，对一些社会基本数据以及与公安业务有关的数据进行收集、整理，并逐步建立了不同主题的数据库。例如2003年我国公安启动了“金盾工程”任务，建立公安机关的通信工程和网络工程，建成了全国范围的八大基础信息库；在此基础上，金盾工程第二、第三期又继续深入开展，致力于数据库之间的共享以及数据综合应用平台等建设工作。检察机关的信息化建设也开始蓬勃发展，已经有不少检察机关的职务犯罪侦查部门开始组建数据库，例如某市检察系统建立有“情报信息平台”，包括人大代表信息、政协委员信息、律师信息、婚姻信息、殡葬火化信息、工商登记信息、基本生活救助信息、企业纳税信息、个人所得税信息、房屋登记信息、住房公积金信息、出租房屋信息、通讯信息、手

---

[1] 笔者认为，从本质上来说，情报导侦的核心在于对情报的分析研判，分析结果才是有价值的情报；信息化侦查的核心在于信息技术的运用，并没有过多强调对信息进行加工研判；而大数据侦查不仅强调对数据的分析处理，也强调数据分析结果以及大数据特有思维的运用。这三者之间侧重点的不同是它们进行比较的基础。

机信息,等等。这些随着信息化侦查发展而建立起来的数据库,为大数据侦查提供了基础的数据资源。(2)情报导侦的分析研判思维为大数据侦查奠定了思维模式基础。情报导侦的核心就在于对已收集到的情报信息进行分析、研判,找到零散犯罪情报背后的规律、特点,将研判分析后的"情报成果"用于辅助侦查工作。这一思维模式与大数据侦查的思维不谋而合。大数据侦查通过数据挖掘、数据二次分析来获取有关侦查信息,强调通过历史犯罪数据的分析来提炼犯罪规律、犯罪特征,并对未来犯罪进行预测。大数据侦查思维与情报导侦思维极具相似性,大数据侦查思维的运用离不开传统情报导侦长期以来所总结的分析研判原理、方法和经验。

大数据侦查对传统情报导侦、信息化侦查的发展主要体现在以下两个方面。(1)侦查载体、侦查媒介的突破。无论是情报导侦、信息化侦查还是大数据侦查,都需要某种载体、媒介去传递信息,侦查人员根据所传递的信息去还原犯罪事实。在情报导侦的发展过程中,侦查媒介逐渐从有形的物证、书证发展到无形的虚拟空间的情报;信息化侦查的媒介是以电子形态所呈现的电子信息。大数据侦查则是将"数据"作为侦查媒介来传递信息。"数据"作为一种全新的载体和媒介,比传统的情报、信息的粒度更加细化。尽管数据多半是以电子化、虚拟化形式所存在,但大数据侦查所关注的重点并不在于数据的形式,而是强调数据所拥有的独立内涵。正如量子的发现带来了物理学上的革命,"数据"也带来了侦查领域的革命,侦查信息的发现、收集、存储和分析都能以数据为媒介来进行。(2)侦查信息分析方法的突破。无论是情报导侦、信息化侦查还是大数据侦查,对于所获取的第一手线索、信息都需要经过一定的分析、判断。传统信息化侦查中更为强调对电子信息的获取,而信息的分析、研判则不作为重点,一般辅之以简单的信息查询、检索方法。在情报导侦中,尽管情报的分析、研判是重点工作,但是由于过去情报分析技术的不发达,很多时候都需要靠侦查人员的主观经验分析判断,不仅耗费劳动力,对于一些深度隐藏的犯罪规律,如犯罪分子的作案手段特征、习性规律、作案时间地点等特征根本难以发现。大数据侦查对于信息的分析、研判水平则有了新的突破。大数据强调盘活沉睡的数据资源，打破各个部门之间的信息孤岛，通过海量数据之间的串并、碰撞来发现线索和证据；更重要的是，大数据侦查能够对数据进行二次利用和深度分析，通过数据挖掘技术对海量的犯罪数据进行分析，发现犯罪现象背后的行为规律、特征等深层次信息。

五、大数据在侦查中的运用形式

目前在侦查实务中，大数据侦查中的数据分析结果究竟是以怎样的形式所呈现、运用的呢？据侦查实务人员反映，目前他们主要将大数据分析结果作为线索来使用。但笔者认为，除了用作线索外，大数据在将来有可能会成为一种新的证据形式。

（一）大数据侦查之线索运用形式

线索是侦查中用于查明案件事实、收集证据不可或缺的媒介，对线索的正确运用能够有效推进案件的侦破进程。[1] 在案件的侦查过程中，会出现大量线索，有些线索是真实的，有些线索是虚假的；有些线索与案件联系紧密直观，而有些线索与案件的联系具有间接性。查明案件事实的过程，就是不断地通过线索去查找新的线索、证据，通过对大量线索的梳理逐渐还原案件事实，不断地缩小案件侦查范围。[2]

一般来说，线索没有严格的形式要求，运用程序灵活方便。在大数据侦查尚未成熟时期，将大数据分析结果作为线索使用，是较为稳妥的选择。据实务人员反映，目前大数据在侦查中最主要的形式就是作为线索使用。在传统的犯罪侦查中，线索带有小数据时代的印记，往往局限于物理空间的物品、痕迹以及人类的印象、言词等。随着人类科学技术的发展，线索的范围和形式也在不断扩张。大数据时代，传统物理空间的线索在数据空间往往有着对应的形式，数据空间甚至能够提供更多物理空间无法显现的线索。具体而言，大数据侦查结果作为线索运用主要体现在以下两

〔1〕 薛怀祖：《浅议侦查线索的显现与价值体现》，载《铁道警官高等专科学校学报》，2003(4)。

〔2〕 邹荣合：《论侦查线索的分类》，载《公安学刊》，2000(2)。

个方面。

一是“从案件到线索”。在案件发生之后，通过大数据方法去搜集与案件有关的线索。由于仅仅是作为线索使用，所以对于大数据方法的运用及数据本身的形态并没有严格的法律规定。可以运用大数据方法找到与案件或嫌疑人之间直接相关的线索，例如知道嫌疑人的身份后，可以在基本人口数据库、在逃人员数据库、前科人员数据库中搜集与他直接相关的信息。另外，还可以通过数据挖掘技术，挖掘出与案件相关的线索，例如有关嫌疑人性格特征、行为偏好、人际关系等方面的信息。尽管有些数据与案或人之间的关系并非那么紧密，但是能够为案件侦破提供丰富的线索。

二是“从线索到案件”。在不知道是否有案件发生的时候，侦查人员能够通过大数据识别、预测技术来直接发现某种犯罪活动的线索。“从线索到案件”这一方式尤其在证券欺诈犯罪、恐怖活动犯罪、贪污贿赂犯罪等隐蔽性较强的犯罪活动中具有广阔运用空间，例如侦查人员可以运用大数据技术来抓取信用卡欺诈犯罪的线索——分析海量用户的历史交易数据，通过孤立点和相异度计算所得出的异类数据很有可能就是犯罪活动的信号；再如某市检察院其利用大数据算法将涉税犯罪的规律转化成数据规则，并将其投放于海量的各单位税票数据中，从而发现涉税案件的线索。

（二）大数据侦查之证据运用形式

人类的科学技术革命总会推动证据形式的发展。证据作为案件信息的载体，无不与人类历史上的媒介变革息息相关：语言对应着言词类证据，文字和印刷术对应着书面证据，电话、广播等电磁波媒介则对应着视听类证据，而近些年的计算机、互联网媒介则催生了电子数据证据的发展。每一次媒介革命总会产生新的证据形式，证据形式的扩展也推动了人类司法证明水平的发展，越来越多的信息得以被记录、存储、传播及解读。那么，大数据所带来的媒介变革，是否也会再次推动证据形式的发展，产生“大数据证据”这一新的证据形式呢?[1]

目前在刑事犯罪侦查实务中,“大数据”主要是作为犯罪线索来使用,将大数据分析结果直接作为证据使用的案例尚不多见。但这并不表示大数据没有证据价值。有学者认为,随着大数据在工作生活中的广泛运用,它确有在诉讼中成为证据、发挥证明效力的可能性。[2] 笔者认为,大数据在刑事诉讼中具有成为新证据形式的可能性,理由有以下两个方面。

第一,部分“大数据线索”有可能转化为“大数据证据”。尽管从字面上看,线索和证据是两个不同的概念——线索是针对侦查阶段而言,而证据则在侦查、审查起诉和审判三个阶段都会涉及;线索没有固定的形式要求,也没有收集程序上的严格规定,一般而言只要能够推进侦查工作的信息都是线索,而证据则需要符合法定的形式和性质,并且按照法定的程序去收集。但实际上,线索与证据之间并没有严格的界限。对于证明犯罪事实具有重要作用、并经查证属实的线索可以作为定案的证据,这类线索也被称为“证据性线索”。[3] 上文提到目前大数据侦查结果主要是作为线索使用,当这些“大数据线索”能够证明案件事实,符合证据属性要求,经法定程序获取,即有可能成为定案的证据。

第二,在民事诉讼和行政诉讼中,都已经出现了将“大数据”作为定案证据的案例。在“上海唯觉广告有限公司与被告上海盛久网络科技发展有限公司服务合同纠纷案”中,被告将“百度指数”作为证明己方主张的证据。“百度指数”是大数据的典型代表,它在证明事物的网络关注度、发展趋势方面有一定的说服力。本案中法院认为“由于被告提供的证据系从‘百度’

---

[1] 严格来说,大数据侦查中的数据分析结果有两种形式:一种方式是通过大数据技术去寻找相关数据,大数据并没有对原本的数据形态进行改变,对于这类数据的运用可以参照传统的电子数据形式;另一种方式是通过大数据技术对原本数据进行分析,产生了新的数据,对于这类新的数据能否作为证据运用,目前尚不明朗。本节的讨论对象主要是针对后者。关于这两种大数据分析结果的形式,后面章节还会进行详细分析。

[2] Joe Sremack,“Big Data Forensics-Learning Hadoop Investigations”,*Packet Publishing Lted*,p1.

[3] 邹荣合:《论侦查线索的分类》,载《公安学刊》,2000(2)。

互联网中直接统计得出，且经过公证机关公证，被告的证据优势明显”。[1]在唐某某与中国证监会行政诉讼一案中，法院也是根据大数据分析结果来认定唐某某存在操纵股票价格的行为。大数据分析结果显示，在唐某某涉案的19个账户之间，MAC地址、IP地址具有高度重合率，19个账户中所交易的股票品种也存在着高度的一致性。[2]不过，刑事诉讼中的证明标准以及证明程序相较于民事诉讼、行政诉讼要更为严格，在没有相关法律规定和司法判例指导的前提下，如何将大数据的特性与既有的证据属性要求、证据规则进行衔接，也是亟待解决的问题。笔者认为，随着大数据技术在刑事侦查中的普及，大数据在将来能够直接作为刑事定案的证据。

第三节　大数据侦查的价值

本书之所以提出“大数据侦查”概念，并强调在侦查实务中推广大数据技术，是因为大数据侦查具有传统侦查无可比拟的价值，能够有效地提高侦查效率、节约侦查成本，推动侦查模式朝着科学化的方向转型。

一、推动事后侦查向事前侦查转型

长久以来，人类基于趋利避害的生理需求，都期望能够先知先觉，提前预知社会现象。试想，如果能够提前预知疾病和灾难的发生，人类的生命健康就可以免受侵害；如果能够提前预知天象气候，就能够合理安排农作物耕种。因此，人类历朝历代无不致力于预测能力的提高。从原始社会的神灵预测、古代的经验性预测，发展到近现代的哲理性预测、实证性预测，[3]尽管人类一直在不断提升预测能力的科学性，但始终无法超越主观认知能力的局限性，预测仍然是人类社会的未解难题之一。侦查领域同样面对此难题，由于犯罪时空的不可逆转性，人们无法在犯罪活动开始之前

---

[1] 案件字号：(2014)沪二中民五(知)终字第67号。

[2] 案件字号：北京市第一中级人民法院行政判决书，(2013)京一中行初字第1171号。

[3] 阎耀军：《从古代龟蓍占卜到现代科学预测》，载《湖北社会科学》，2006(3)。

就预知并阻止其发生，在犯罪行为发生之后才能采取侦查措施。从程序上来说，事后侦查具有一定的合理性，有利于防止侦查权力的滥用，保障犯罪嫌疑人的自由、民主等人权。但是，犯罪分子的权利与公众的权利是对立的，犯罪分子权利的保障往往以民众权利的牺牲为代价。事后侦查的时空滞后性会导致民众的生命、财产、健康等权利不可避免地遭受侵害。

大数据的核心价值就在于预测，大数据技术有望改变传统事后侦查的时空滞后性缺陷。掌握规律是进行预测的前提和基础，大数据能够快速从海量数据中发掘事物的规律，并以数据化形式进行表达。一旦大数据将数据规律用于对应的时空领域，预测未来就不再是难题。目前，大数据的预测功能已经在很多领域发挥作用，例如购物网站根据顾客的喜好来推送商品，社交网络根据用户的社交活跃度来推荐好友，大数据对交通的预测可以令我们避开拥堵路段，等等。在侦查领域，大数据的预测功能同样具有广阔的运用前景。运用大数据挖掘技术，对海量历史犯罪数据进行分析，寻找犯罪因素之间的关联性，总结各类型犯罪活动规律。根据数据分析结果，侦查人员能够预知犯罪活动在地理位置、人群、时间、行为方式等方面的趋势，及时发现可疑犯罪分子、识别犯罪风险，进而合理分配警力资源，采取预防性措施。大数据预测技术在侦查领域的运用，能够引导事后侦查逐渐向事前侦查转型，这对于减少违法犯罪活动，保护公民的人身、财产权利，维护国家安全、社会秩序具有重大意义。

目前，大数据主导的“预测侦查”已经在越来越多的国家开始使用，例如美国在“9·11”事件后建立的禁飞系统（No Fly System），能够预测搭乘飞机的旅客是否有发起恐怖袭击的可能性；在洛杉矶，大数据系统每天会提供给警员一幅犯罪热点地图；在纽约和费城，大数据系统则是将预测数据传输到警员的移动电子设备中去。[1]

---

〔1〕 See Kipperman, Alexander H, “Frisky Business: Mitigating Predictive Crime Software's Facilitation of Unlawful Stop and Frisks”, *Temple Political & Civil Rights Law Review*, 2014, pp. 215-246.

二、推动被动侦查向主动侦查转型

传统的侦查是在单维度的物理空间中所进行的，在这种单维空间中，信息是以原始的物理化形态所呈现，人类对于信息的存储、提取以及解读都处于“冷兵器”时代。对于犯罪活动的记录主要依靠物质之间的自然交换，以及人类的书面语言体系、人类的记忆能力等。物证、书证和人证这三种古老的证据形式就是这一阶段的产物，侦查人员通过对这三种证据的收集，并依据侦查经验进行犯罪事实的还原。由于传播媒介的不发达、信息的不流通性，犯罪活动中很多信息都无法留存下来。因此，侦查人员所掌握的线索、证据是有限的，只能在犯罪事实发生后，根据特定时空范围内有限的线索、证据来对案件事实进行假设性还原。然而，并非所有的案件都能够收集到足够的线索、证据，很多案件也因为证据不足而导致无法认定，甚至造成错案。长久以来，在侦查对抗活动中，都是犯罪分子处于领跑地位，而侦查人员则处于被动的地位。

大数据技术的出现，则大大改变了传统侦查中侦查人员的被动地位，有效地提高其在侦查中的主观能动性。首先，大数据提供了丰富的侦查资源。在大数据时代，会形成一个与现实物理世界相对应的数字世界，以数据的形式记录下人类物理空间的各种活动和状态。大数据不仅能够对物理空间的各种活动状态进行数据化分析和表达，还能够将其长期保存在服务器及“云端”中。数据空间无疑为犯罪侦查打开了新的领域，任何犯罪行为都会在数据空间留下痕迹，侦查人员可以在数据空间寻找对应的数据线索和证据。其次，大数据提供了强大的侦查技术。大数据能够通过数据模型算法，轻松找出事物之间的关联性，这种关联性分析方法为人类认知世界提供了新的视角。在侦查过程中，大量表面看似与案件无关的信息，通过数据碰撞、数据挖掘等大数据方法对其进行整合分析，便能够显现出诸多与案件有关的信息，为案件侦破提供线索。例如，在贪污贿赂案件传统侦查中，由于这类案件具有隐蔽性，也没有犯罪现场，因此传统侦查中主要靠嫌疑人的口供去固定犯罪事实；在大数据技术的帮助下，侦查人员可以摆脱对口供的依赖，通过对嫌疑人的手机数据、通话数据、银行流水数据等进行大数据分析，通过客观的数据来发现、固定案件事实。

三、推动单线侦查向协作侦查转型

在以往的信息化侦查中，一般都是由各个部门单兵作战、单线侦查，所运用的数据信息也大都来源于自己的部门。不同地区、不同级别、不同警种之间的数据都互相保密，互不开放，存在着严重的数据壁垒。只有在必要的时候，才能够得到其他部门在数据资源方面的协助。例如在贪污贿赂案件中，检察机关数据库相对匮乏，往往需要借助公安机关强大的数据库以及社会行业的数据库资源，尤其是电信行业的通讯数据、银行的交易转账数据等。这种动辄向其他部门"借"数据的方式不仅程序烦琐，浪费大量的时间、人力、物力，往往还延误了最佳侦查时机。总之，长久以来的信息化侦查是一种单线侦查、单兵作战模式，各侦查部门所掌握的数据量有限，无法激发出数据背后的价值。

大数据侦查机制的建立，必将有助于推动单线侦查模式朝着以下两个方面改革：(1)大数据侦查机制会推动数据管理制度、数据共享制度的变化。在数据管理层面，侦查系统内部的数据资源要开放共享，打破地域、级别之间的数据壁垒，侦查部门与社会行业之间也应当建立数据协作共享机制，建立数据开放渠道，最大程度上开放数据资源，为大数据侦查的开展提供丰富数据资源。(2)数据共享机制的建立又会进一步推动侦查体制的变化。在数据共享的基础上，各侦查部门将会组建专门的数据人才队伍，以数据为核心，将侦查人力、物力和技术资源进行整合重组。某种程度上实现"大警种制""侦查一体化"的制度。总而言之，大数据侦查必将推动侦查体制的改革，从传统的各部门单线作战，发展到不同的侦查部门之间、侦查部门与社会行业之间的协助作战模式。

四、推动粗放式侦查向集约式侦查转型

大数据运用于犯罪侦查，有利于促进传统粗放式侦查向集约式侦查的

转型。上文提到传统的侦查模式是处于“冷兵器”时代，尽管后来的信息化侦查已经使传统侦查模式从冷兵器时代解放出来，侦查人员在物理犯罪现场外拓展出虚拟犯罪现场，开始注重电子证据的收集。但是，大数据侦查在此基础上则又完成了智能化转型，进一步解放了大量的人力劳动，从粗放型、撒网式侦查转向集约型、科学化侦查模式。具体而言表现在以下三个方面。

(1) 数据采集环节更加智能化、实时化。侦查过程中，传统的信息采集往往依托于人工进行事后录入，不仅需要大量的人力劳动，也造成信息传递的滞后性，容易延误了最佳侦查时机。而在大数据时代，随着物联网的发展，通过智能传感、射频识别等技术就能够自动完成数据采集工作，解放了大量劳动力，大大地扩展了数据的来源。并且，大数据时代的数据传输具有实时、同步的特征，保证了数据的鲜活性、及时性。

(2) 数据分析环节更加科学化、多元化。传统的信息化侦查中，即便是有数据资源，也是主要依靠侦查人员的经验型主观判断，并辅之数据查询、数据检索等简单的数据分析工具。但人的分析能力毕竟是有限的，面对庞杂的数据，很多隐藏的线索、规律根本无法发现；并且随着当今爆发式增长的数据，仅凭人工和简单的数据分析工具，根本无法应对。大数据方法大大解放人类的脑力工作，通过数据碰撞能够发现更多的线索，通过数据挖掘算法能够自动识别出数据之间的关联性，发掘数据背后隐藏的信息。很多看似无关联的数据，经过大数据分析后，则能够显现出很多有价值的信息用于辅助侦查。大数据侦查就像一个自动化的工厂流水线——数据是原料、算法是机器、数据分析结果就是产品。总之，相比于传统的表格化、人工经验型信息分析方法，大数据侦查方法大大拓展了数据分析的广度和深度，能够发掘更多的案件线索和规律，并且由数据计算分析所得出的结果也更为科学化。

(3) 数据展示环节更加形象化、直观化。在信息、数据完成分析之后，侦查人员需要根据数据分析结果来部署侦查措施、还原犯罪事实。传统的信息分析结果一般以文字形式或是简单的统计图表形式进行展示。而大数据时代，数据分析结果则可以依托于形象化的可视化工具进行展示。可视化技术能够将数据的各个维度以立体化的图像、动画等形式展示出来，从图像上就能够直接、全面、形象地反映出数据分析结果，[1]有利于侦查人员从不同维度去观察分析，从而更深入、更直观地理解案情。总而言之，智能化、可视化的大数据侦查有利于侦查人员将有限的侦查资源分配到更重要、更紧迫的案件上，因地制宜、因时制宜地分配人力、物力侦查资源，提高侦查效率及侦查质量，完成粗放式侦查到集约式侦查的转型。

第四节　本章结论

本章的核心内容是提出“大数据侦查”这一概念，结合大数据本身和传统侦查的特征，去构建大数据侦查体系。

在理解大数据时，要注意大数据不仅仅是海量静态数据的集合，更强调数据分析技术以及数据分析结果，大数据本身并不代表大价值，大数据的核心在于对数据背后规律的挖掘。在方法论层面，大数据具有全数据、混杂性和相关性的思维特征，尤其是“相关性”的思维模式将带来人类认知世界方式的改变。

在理解大数据侦查时，可以从广义和狭义两个角度出发。广义的大数据侦查概念强调以大数据为核心，构建起包括侦查思维、侦查模式、侦查方法以及相关制度的完整大数据侦查体系。狭义的大数据侦查概念强调以大数据技术为核心的侦查行为的运用，并且要注意大数据侦查的时间轴向前延伸至立案之前，强调对犯罪活动的预测。另外，在理解大数据侦查的概念时，还要注意其与技术侦查、信息化侦查等一些传统侦查概念之间的区别。

在侦查实务中，目前大数据的分析结果主要用作侦查线索，但也不排除在将来出现“大数据”这一新的证据形式。之所以强调要推广大数

---

〔1〕 徐继华，冯启娜，陈贞汝：《智慧政府——大数据治国时代的来临》，111页，北京，中信出版社，2014。

据侦查，是因为其本身所具有的功能和价值。相比于传统侦查而言，大数据侦查有助于推动侦查朝着更加科学化、智能化、集约化、协作化的方向发展。

在建立起大数据侦查的基本概念后，本书将会在此基础上进一步探讨大数据侦查的思维、大数据侦查的模式、大数据侦查的方法以及大数据侦查的相关制度构建这几部分内容。

第三章　大数据侦查的思维

本章主要从思维层面出发，探讨大数据侦查的思维特征，包括相关性思维、整体性思维、预测性思维。与此同时，也对当下大数据过热浪潮中一些思维误区进行了澄清，强调大数据不是万能的，大数据也有出错的可能。与此同时，大数据侦查的思维特征还会对传统的诉讼程序、司法原理等带来一定的影响，如预测性思维对无罪推定原则的影响，相关性思维对司法证明原理的影响等。

第一节　大数据侦查思维的体现

一、相关性思维

相关性思维是大数据之父舍恩伯格所提出的大数据三大思维特征之一，并且是大数据最重要的思维变革。长久以来，我们人类的思维范式都是一种诞生于小数据时代的因果关系思维，强调原因在前，结果在后，先产生一个假设，然后再去验证假设的正确性。传统的侦查思维乃至整个法律领域的思维，都是建立在因果逻辑的基础上，对犯罪事实的认定，必须严格地遵循因果关系逻辑，要求证据与事实之间具有引起与被引起的因果关系。然而，大数据却颠覆了人类传统的因果思维，强调事物之间的相关关系而非因果关系。大数据的相关性主要通过量化两个数值之间的数理关系而得出，这种相关性只能告诉人们是什么却不能解释为什么，即“知其然而不知其所以然”，凭借人类的主观经验有时候也难以对这种相关性进行因果关系解释。将大数据的相关性思维运用至侦查中，可以大大拓展侦查的思维视野，发掘更多的线索、情报。具体而言，侦查人员可以从以下两个方面运用大数据相关性思维。

第一,"找到一个关联物并监测它",这是大数据的一个经典理论,大数据可以找到一个现象的良好关联物,通过对关联物的分析来观测现象本身。大数据的这一原理同样可以运用于侦查领域,如果甲和乙经常一起出现,只要甲现象发生了,那么我们就可以推测乙现象也发生了。例如可以通过对证券账户的观测来监控证券欺诈现象,可以通过对个人资产数据的监控来判断国家工作人员是否有贪污受贿嫌疑等,可以通过对社交关系网的分析来判断哪些人与恐怖分子有联系等,这些都是大数据相关关系在侦查中的具体运用。并且,随着大数据技术的发展,未来我们不再需要人工选择关联物,大数据通过计算能够告诉我们谁是最好的代理人。[1]

第二,挖掘数据背后的相关性。在传统的侦查中,侦查人员凭借主观能力、主观经验,往往只能收集看起来与案件有明显因果关系的线索、证据,但是大数据方法则能够从海量看似与案件无关的数据中挖掘出相关信息,并用作案件侦查的线索。例如现在侦查实务中所流行的手机数据挖掘、话单数据挖掘方法,海量的手机数据、通讯数据看似与案件并无关系,但是对其进行数据挖掘后,则能够发现当事人的行踪轨迹、人际交往关系、通话规律、购物规律等大量有价值的信息。这些信息看似与案件事实没有因果关系,但经进一步分析后能够为案件侦查提供线索、情报。例如在J省W市检察院查办的一起贪污贿赂案件中,举报人称嫌疑人受贿贪污资产达上千万元,但侦查人员并没有发现嫌疑人本人、家庭成员房产、银行存款、证券资产等明显异常情况。后侦查人员对嫌疑人的手机数据进行收集并分析,发现以下几条敏感信息:通讯录中多位密切联系人为该区著名公司企业老板,深圳某区供电局告知本月用电度数和电费金额,嫌疑人咨询如何办理移民香港手续。侦查人员事先已知其女儿在香港定居,结合手机中的敏感信息,推测嫌疑人在深圳有房产,资产大部分已经转移香港,并有移民香港的倾向,并据此为突破口对嫌疑人展开讯问;同时,分析有关公司经营活动与嫌疑人职责职权的关联关系,对与嫌疑人密切联系的企业老板进

---

〔1〕[英]维克托·迈尔-舍恩伯格,肯尼斯·库克耶:《大数据时代》,盛杨燕,周涛译,75页,杭州,浙江人民出版社,2013。

行深度话单分析；侦查人员还根据手机数据对嫌疑人的兴趣爱好、行为特征以及交往群体进行了分析并以此来制定审讯策略。最终案件成功侦破，查获嫌疑人受贿556万余元，贪污20余万元的犯罪事实。在本案中，手机“大数据”大大拓展了侦查范围，很多隐藏的线索在“大数据”技术下纷纷浮出水面。

由此可见，大数据相关性思维能够大大拓展侦查线索、情报的来源。引导侦查人员多角度、全方位地寻找案件破案口。这也提醒了侦查人员，在直接对案件嫌疑人展开侦查有障碍时，可以从与人或事相关的现象着手展开分析；当物理空间的线索、证据不足时，侦查人员可以寻找虚拟空间的相关数据，通过对数据的二次分析来发掘更深层次的信息。

二、整体性思维

在小数据时代，由于人类获取信息的能力有限，在面对大量数据集时，只能采用抽样调查的方法，希望通过科学的抽样方法来获取尽可能准确的统计结果。但即使选取样本的方法再科学，也无法获取全部的数据，而一些重要的信息很可能就在这些“非样本”数据中。构建于“小数据”时代的传统侦查思维，同样不可避免地带上“抽样”的印记，主要体现在以下两个方面。

第一，取证思维的有限性。在犯罪发生过程中，会在物理空间留下各种痕迹，然而由于时空条件的限制和人类认知能力的有限性，侦查人员只能获取一部分的线索、证据。这部分线索、证据充其量只是一小部分，侦查人员不会知道在这之外还有多少未知的证据。

第二，事实还原思维的片面性。在传统的侦查中，司法人员根据已经收集的证据，通过每个证据去还原一个个零散事实，再通过这些零散的事实去拼凑出“整体”事实，这是一种“小事实到大事实”的逻辑过程。然而由于获取证据的有限性，所还原出的事实往往是不全面的，并且往往带有司法人员主观推断的成分，甚至会由于证据的不足而不得不放弃对真相的追求。通过对单个证据的收集和审查去认定案件事实，充其量是一种小数据时代的抽样调查方法，这种样本分析法往往不可避免地带有偏见和漏洞。[1]

然而，大数据思维的首要转变就是摆脱抽样数据的束缚，运用整体的、所有的数据。[2] 在大数据时代，我们完全有条件去获得某个研究对象的所有数据，达到“样本＝总体”的规模，不必再拘泥于技术限制进行数据抽样分析，大数据时代再局限于抽样的分析方法就像汽车时代骑马一样奇怪。[3] 这种“全数据”的思维模式，有利于人们对事件进行全景式的观察，不放过任何一个细节，弥补了传统抽样调查片面性的缺陷。大数据侦查思维同样带有“全数据”色彩，呈现出与以往不同的“整体性思维”的特征，这在取证和事实还原两个阶段都有所体现。

第一，取证思维的整体性。大数据时代建立起一个与物理世界相对应的平行数据空间，大数据侦查便在这样的数据空间中展开，不再拘泥于现实世界的书证、物证、人证等载体，而是关注虚拟世界的相关数据。数据空间的技术特征赋予了侦查人员获取全数据的可能性，对数据进行整体性、全面性获取。因而，大数据侦查的取证思维也具有整体性特征，或许与案件有关的数据仅仅是一小部分，但是大数据侦查需要先获取一定范围内的所有数据，再通过挖掘、碰撞等大数据方法得出与案件相关的信息。例如，若是想找出嫌疑人通话记录中的可疑通话，侦查人员必然需要先获取其一段时间内所有的通话记录，再通过数据之间的搜索、碰撞等方法才能找出可疑通话。因此，大数据侦查应当抛弃传统的片面性取证思维，取而代之以整体性思维——在获取全体数据的基础之上，通过数据分析方法来进一步寻找与案件相关的数据。大数据侦查遵循着“从大数据到小数据”的取证模式，相比于传统取证范围、数量的有限性，大数据的整体性取证模式获

[1] 封利强：《事实认定的原子模式与整体模式之比较考察》，载李学军主编：《证据学论坛》（第十七卷），115页，北京，法律出版社，2012。

[2] [英]维克托·迈尔-舍恩伯格，肯尼斯·库克耶：《大数据时代》，盛杨燕，周涛译，29页，杭州，浙江人民出版社，2013。

[3] [英]维克托·迈尔-舍恩伯格，肯尼斯-库克耶：《大数据时代》，盛杨燕，周涛译，43页，杭州，浙江人民出版社，2013。

取的信息无疑更加全面。

第二，事实还原思维的整体性。取证思维的整体性同样也带来事实还原思维的整体性。在传统侦查思维中，司法人员通过一个个线索、证据去还原事实零散片段，再将这些零散的片段拼凑出整体事实。而大数据侦查则运用一种整体性的事实还原思维，首先还原出更广泛意义上的"大事实"——例如想获取嫌疑人贪污贿赂的事实，侦查人员可以通过手机数据、电脑数据、网络数据、视频数据等各个维度的数据去还原嫌疑人在一段时间内的完整生活、工作事实，而与案件相关的事实必然也置于这个"大事实"之中；在此基础上，侦查人员再借助一定的技术手段去判断、甄别其中与案件有关的事实。这是一种从"大事实到小事实"的逻辑过程。相比于传统片面化、零散化的事实认定方式，大数据侦查基于整体性思维，所还原出的事实更具有全面性和完整性。[1]

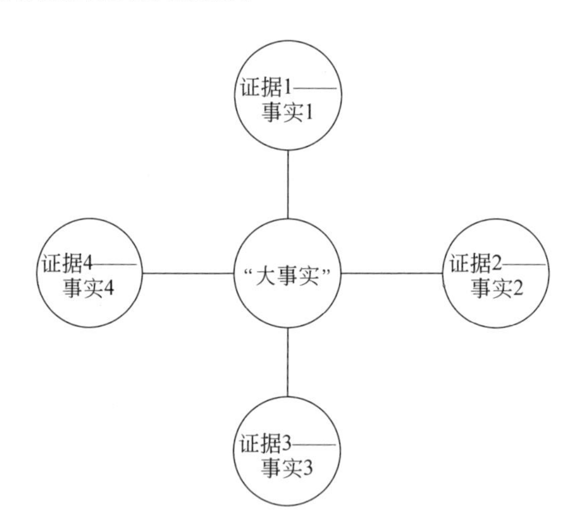

图 3-1　传统侦查中的事实认定思维

〔1〕 需要注意的是，本文此处所谓的"事实认定的整体性"，并不一定就是所有的案件事实，有可能只是整个案件事实的某个组成部分，但即便是这种部分事实，大数据思维下对其认定也是采用的整体性思维逻辑。

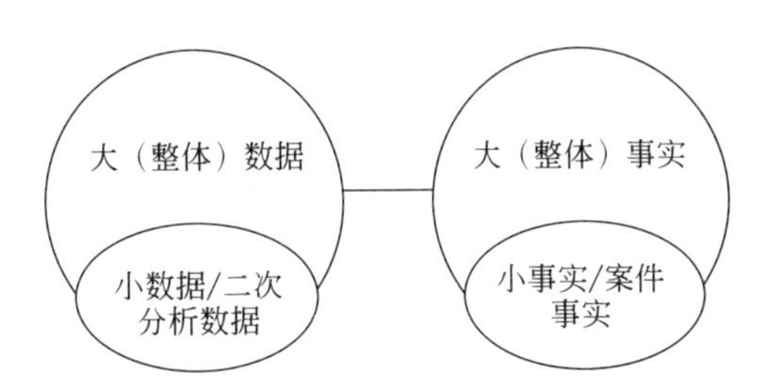

图 3-2　大数据侦查中的事实认定思维

三、预测性思维

大数据之父(维克托·迈尔-舍恩伯格)认为大数据最重要的价值在于其预测功能,预测是大数据的核心价值。对未来世界进行预测一直是人类长期以来可望而不可即的能力,试想一下,如果我们能事先知道未来事情的发展走向,就能够扬长避短,未雨绸缪,提前做好预防措施,合理规避风险,这对于人类的进步发展将具有划时代意义。而大数据技术使得人类的预测能力成为现实,至少以目前的技术来看,能够在一定范围内预测事情的发展走向。例如,百度开发的旅游景点预测应用能够达到 90%的准确率,其原理就在于我们很多人习惯于事前在网络上搜索旅游地的信息,因而搜索行为数据与实际旅游数据之间有着某种相关性,大数据系统根据这种相关性就能够预测出旅游人数,并与旅游局公布的数据达到惊人的一致。此外,社交网站推送我们感兴趣的话题,购物网站推送我们心仪的商品,搜索引擎网站能够预测流行病趋势、经济发展趋势等,都是大数据预测功能的体现。(如图 3-3 所示)[1]

大数据预测的原理就在于相关关系的分析,通过对关联物的观察来预测未来。我们同样可以将大数据预测原理应用于犯罪侦查中。按常理来说,犯罪活动一般不会是瞬间的,而是一个循序渐进的发展过程,包括犯罪

〔1〕 例如百度网站根据其海量的搜索数据,开发出"百度预测"功能,能够对流行病、景区舒适度、经济发展、电影票房、体育赛事等进行准确的预测。

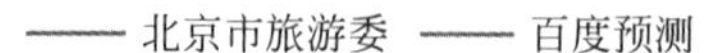

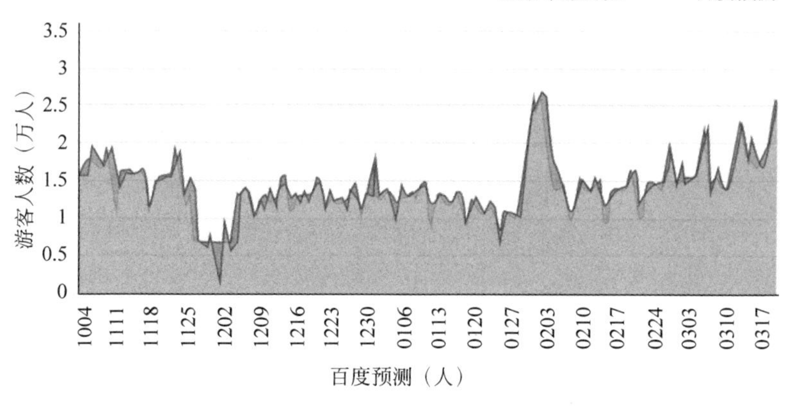

图 3-3　百度对故宫游客预测值与实际人数对比图

准备活动、犯罪预备、犯罪实施及犯罪结束等一系列环节。侦查人员可以通过大数据的预测功能，在犯罪活动实施前去捕捉犯罪信号。例如恐怖犯罪活动中，犯罪分子一般会有购买枪支、炸药、刀具等准备行为，如果能够事先对这些购买数据实现监控，则能够及时发现异常，预测犯罪活动的发生；恐怖犯罪分子的行为轨迹也具有一定特征，我国的暴恐分子往往从新疆、广西、云南等边境地区向内地迁移，侦查人员同样可以通过恐怖组织成员的行为轨迹数据去捕捉异常信号。大数据预测思维在犯罪侦查领域的运用，往往比在其他领域的运用发挥更大的价值。不仅有助于侦查机关合理分配侦查资源，提高打击犯罪的精准性，更重要的是能够在一些犯罪活动尚未发生或者是在其发生过程中，就及时将其识别，从源头上保护公民的生命、财产等利益免遭侵犯。具体而言，侦查人员则可以从以下几个角度去预测犯罪的发生。

(1) 着眼于对案件的预测。每种犯罪都有一种或几种特定的行为模式，根据每种犯罪行为模式来建立特定预测模型，并将预测模型运用于对关联数据的监控，就能够达到预测犯罪的效果。例如内幕交易行为往往体现为股票交易数据的异常，证监会根据历史内幕交易犯罪数据计算出其犯罪模型，并将特定的算法模型投放至海量的股票交易数据中，就能够迅速识别出异常交易账户，它们很可能就是内幕交易案件的线索；再如腾讯公司与公安机关合作成立的反诈骗联盟中心，他们的“反欺诈识别数据模型”能够对一些涉嫌诈骗的账号、网址进行自动识别和拦截，从而将网络欺诈活动扼杀在萌芽中，其运用的也是这一原理。

（2）着眼于对犯罪分子的预测。犯罪活动还会在人群上呈现一定的特征模式。就犯罪分子与普通人而言，他们会有一些异常特征，这些特征会通过行为轨迹数据、旅店住宿等数据体现出来；就不同案件的犯罪分子而言，他们在地域、身份等方面都有着不同的特征。侦查人员可以利用犯罪分子的数据特征模式，对其犯罪的可能性及犯罪概率进行预测。例如江苏省某市检察院正在探索建立的“大数据风险立案制度”，其原理就在于对嫌疑人的特征进行数据挖掘，进而进行犯罪风险的预测。具体运作过程如下：在职务犯罪案件的初查阶段，侦查人员根据对既有的数据库的查询及分析，全面、具体地了解被查对象和有关涉案人员的基本情况及其相互关系，对其家庭资产情况、社会交往群体、经济社会活动形成总体性的认识。在此基础上对被查对象是否涉嫌职务犯罪以及犯罪领域、范围、严重程度形成初步的判断，并以之作为是否立案的依据。

（3）着眼于对整体犯罪趋势的预测。这种预测方式不针对具体个案或具体犯罪分子，而是针对某一地区的整体犯罪情况。通过对某一地区历史犯罪的地理位置数据、案发数据等的分析计算，测算出犯罪热点地区，并对未来一段时期的高危地区、犯罪类型等犯罪走势进行预测。犯罪热点预测并不是幻想，实践中我国已经有不少侦查机关开始推行这一技术。例如北京市怀柔区公安局2013年建立了“犯罪数据分析和趋势预测系统”，以该地区近十年的犯罪数据为基础，依托于大数据犯罪热点分析系统，对未来的犯罪活动实现了较为精准的预测。在该系统运用后，怀柔区的发案率、报案率、接警率都大幅度下降，尤其是为该地区2014年APEC会议期间的社会治安提供了有效的安全保障。[1]

---

〔1〕《大数据能预测哪里易发犯罪》，载新浪网 http://news.sina.com.cn/o/2014-06-23/141930407753.shtml，最后访问时间：2016年9月23日。

第二节　大数据侦查思维的误区

我国在2015年进入大数据元年，大数据正式上升为国家战略，各行各业都在如火如荼地发展大数据计划。在这样的趋势下，人们容易产生激进主义思潮，过度依赖、迷信大数据，甚至有学者认为大数据意味着人类理论时代的终结(the end of theory)，仅凭数据的相关关系，就可以解决一切问题。实际上，大数据不一定就是客观中立的，大数据也会出错、会产生偏见性判断，大数据的相关关系能否替代人类长久以来的因果关系目前也还广遭质疑。在侦查领域，我们同样需要谨防在大数据热潮下所产生的一些思维误区，如"数据越多越好""数据可以不精确""大数据一定是客观准确的""相关性可以替代因果性"等都是常见的思维误区。

一、数据越多越好

大数据最显著的特点就在于数据之"大"，强调通过对海量数据进行分析。因而，人们很容易产生一种思维误区，认为数据量越多越好。实际上，这里的数据之大主要是为了区分小数据时代人类统计所采用的"抽样"法。在过去由于数据集成技术的有限性，人们无法记录、获取关于某个对象的全部数据，因而只能退而求其次采用具有代表性的抽样数据；而在大数据时代人类则完全有能力获取所有数据，达到"样本＝全体"的数量级，这便是大数据"大"的实质意义所在。这里的数据之"大"具有一定的相对性，即便人类的数据收集技术再先进，也不可能穷极所有的数据。因而，对于某一分析对象而言，只要收集了一定范围内与之相关的全体数据，大致达到"样本＝全体"的程度即可。例如要对嫌疑人的通话数据进行分析，我们不可能调取其几十年来所有的通话数据，一般只需调取其在案发前后一段时间内的通话数据，这样的数据量就已经达到"大数据"的量级了。

在大数据侦查中，要把握好数据收集的"量度"。犯罪行为毕竟是在特定时空由特定犯罪人所实施的行为，犯罪情报、线索及证据的收集需要与案件具有一定的相关性，侦查中如果盲目地搜集过多的数据，无疑会带来诸多无用数据废弃和数据噪声，增加从海量数据中析取有用数据的难度。此外，侦查具有资源有限性和时效性的特征，收集过多的数据必然需要投入更多的时间和精力去分析、提取数据，增加侦查人员工作的负担。侦查人员应该将更多的精力放在对数据的分析、挖掘上，而不是盲目消耗在数据收集环节。因此，在大数据侦查过程中要避免过度陷入“数据越多越好”的思维误区，应当以具体案件、犯罪嫌疑人等要素为坐标，选取一定时空范围内的相应数据，达到一定范围内的“样本＝总体”即可。

二、数据源可以不精确

在大数据时代，要求每一数据都精确无误是不可能的。随着数据量的增大，大数据的算法允许不精确的数据、混杂的数据。容许数据的混杂性有利于减少数据处理的时间和成本，反倒能够更快地获悉事实真相。[1] 况且数据量的巨大往往可以忽略、抵消这些不精确的数据，正如经济学中的“边际递减效应”原理，当总数越来越大时，增量的效应反而会递减。然而，这并不意味着我们可以完全忽视数据中的错误，走入另一个极端。当错误的数据达到一定程度时，即便是数据的量再大也无法弥补错误，这些劣质的、错误的大数据会降低数据分析结果的有效性，直接影响到数据分析结果的准确性。实务中不乏数据错误酿成大祸的案例：例如，在美国有40 000 000人的信用报告中，其中20 000 000人的信用报告存在严重的数据错误；[2]在美国，由于数据源及数据计算错误，每年都会造成大量的医疗

〔1〕［英］维克托·迈尔-舍恩伯格，肯尼斯·库克耶：《大数据时代》，盛杨燕，周涛译，65页，杭州，浙江人民出版社，2013。

〔2〕60 Minutes：40 Million Mistakes：Is Your Credit Report Accurate?（CBS television broadcastFeb. 10，2013），http://www.cbsnews.com/8301-1856o_162-57567957/credit/，2016年9月25日访问。

事故和生产事故，导致近十万名患者死亡以及上亿美元的经济损失。[1]

数据错误主要涉及大数据运用中的“数据质量”问题。数据质量意指数据的一致性（consistency）、正确性（correctness）、完整性（completeness）和最小性（minimality），[2]满足了这几个性质的数据便符合了数据质量要求，具有可用性。但实际上，在数据产生过程中由于系统环境的复杂性、数据标准不一致以及数据结构的差异性，数据源天生就会带有质量上的问题。常见的数据质量问题有以下几类：数据的错误，例如数据字段本身的错误或拼写的错误，如将一个人的年龄写成485；数据的重复，同一事物往往有着不同的数据表达形式，这些表达往往是重复的，需要对之进行识别、简化；数据的缺失，某一数据体系中丢失个别重要数据，而这些数据对结果的分析又具有至关重要作用，因而需要通过一定方法对丢失的数据进行填充；数据的不一致，对于同一事物会有相异的不同数据表达形式，需要从中选出正确的数值；数据的过时；一些人为的主观错误也可能造成数据的质量问题，如数据造假行为。另外，随着事物的变化发展，数据的质量问题会不断地产生，既有的质量问题解决后，随着数据生命的发展，还会产生新的数据质量问题，因而需要将数据清洗工作作为一个循环往复的过程，不断地提高数据质量。[3]

在大数据侦查实务中，同样存在上述数据质量问题。侦查中所采集的初始数据源都会存在或多或少的错误，如格式不一、数据缺失、数据重复、数据过时等。以侦查中常见的地址数据为例，录入的地址编码经常出现一址多名问题（一些地址往往有多个名称）、地址重名的问题（即多个地点通

---

[1] Shilakes C，Tylman J. Enterprise information portals[R]. New York：Merrill Lynch，1998；Rahm E，Dohh. Data cleaning：Problems and current approaches [J]. IEEE Data Engineering Bulletin，2000，23(4)：3-13. 转引自李建中，刘显敏：《大数据的一个重要方面：数据可用性》，载《计算机研究与发展》，2013(6)。

[2] 郭志懋，周傲英：《数据质量和数据清洗研究综述》，载《软件学报》，2002(11)。

[3] 韩京宇，徐立臻，董逸生：《数据质量研究综述》，载《计算机科学》，2008(2)。

用一个名称)、地址拼写错误、地址不完整等问题;[1]以人名数据为例,有些人名错误可能来源于犯罪分子的故意谎报、掩盖身份行为,也有可能是操作人员录入时的错误,还有些则是格式上的差异,例如同样的姓名可能会有“Johnny D. Smith”“John Daniel Smith”等不同的表述。此外,有些犯罪分子具有反侦查意识,其实施的反侦查行为会产生误导性数据,但大数据系统却无法识别这些虚假数据。[2]

三、大数据一定是客观准确的

很多人认为大数据的分析结果就一定是客观中立的、准确无误的,但实际上并非如此。从数据采集、数据清洗到数据分析的每一环节都涉及人为主观影响,都有可能产生错误,如数据采集偏差、数据分析错误、大数据歧视等。归根结底,数据本身还是由人为去操控的,从而也不可避免地带有来自人类主观经验的错误、偏见等。[3]

(一)数据采集的偏差

大数据的“全数据”特征能够克服小数据时代抽样调查多造成的数据不全面缺陷。但是由于地区、人群信息发展水平不平衡以及人们对于不同信息工具的偏好,在大数据采集过程中有可能造成数据偏差,为后面的数据分析埋下隐患。即数据源在采集的过程中本就是不平等的,相当一部分群众、地区的意见并没有得到数据的表达,有学者称之为数据盲点、[4]数据阴影、数据黑暗地带等。

---

〔1〕[英]Spencer Chainey、[美]Jerry Ratcliffe:《地理信息系统与犯罪制图》,陈鹏,洪卫军,隋晋光等译,38～40页,北京,中国人民公安大学出版社,2014。

〔2〕See Seidler, Patrick; Adderley, Rick, “Criminal Network Analysis inside Law Enforcement Agencies: A Data-Mining System Approach under the National Intelligence Model”, *International Journal of Police Science & Management*, 4(2013), pp. 323-337.

〔3〕凯特.克劳福德:《对大数据的再思考》,载美国《外交政策》杂志网站5月9日。转引自360网 http://www.360doc.com/content/14/0815/10/19446_402076305.shtml,最后访问时间:2016年9月27日。

〔4〕徐继华,冯启娜,陈贞汝:《智慧政府:大数据治国时代的来临》,223页,北京,中信出版社,2014。

以我国的网络数据为例，其在数据采集过程中有可能存在的偏差。①地域信息发展水平不均衡会产生的偏差。我国的网络信息化发展水平呈发展不均态势，东部沿海地区高于中西部地区，城市水平高于农村，这就有可能造成农村地区、西部地区一些现象、观点不会在网络上呈现出来。②人群信息发展水平不均衡会产生偏差。我国上网的主要群体是中青年，20～40岁的人群网络活跃度较高，儿童、青少年及老年群体上网较少，他们的行为、观点也难以在网络上全面体现。③不同人群对信息工具的不同偏好也会产生偏差。例如百度是我国最大的搜索引擎网站，其用户数据基本能够代表我国网民的搜索情况，但即便如此，也有部分用户习惯于使用其他搜索平台，这就会导致数据采集的不全面。由此可见，经济、地域、收入、年龄等差异很可能造成巨大的"数据鸿沟"，如何保证现实世界中的观点、声音被数据全面反映，已成为大数据发展过程中不得不面对的基础问题。

除了一般的数据偏差外，在大数据侦查的数据采集过程中，还存在"犯罪黑数"的问题。据我国侦查实务人员反映，有案不报、报案不立等现象使得基层的很多案件数据根本无法采集。这就导致用于分析研判的侦查大数据本身就不全面，间接影响了分析结果的准确性。实际上，"犯罪黑数"也是各国家在大数据侦查中所普遍面临的难题。例如美国孟菲斯警察局的BLUE CRUSH大数据系统（Crime Reduction Using Statistical History），在2011年的审计中发现竟然有79 000条犯罪数据没有录入；[1]澳大利亚犯罪研究所分析得出，一般100个报警信息中只有40个报警信息能被上报到警察局，而这其中又只有约32个信息能够为警察记录下来；英国的犯罪调查机构（British Crime Survey）经调查统计，发现只有约42%的违法活动上报到了警察部门，警察部门又只对其中约74%的情况进行了记

[1] See Miller, Kevin, "Total Surveillance, Big Data, and Predictive Crime Technology: Privacy's Perfect Storm", *Journal of Technology Law & Policy*, 1(2014), pp. 105-146.

录，警察部门实际所记录的犯罪数据只是实际犯罪活动的31%。[1] 犯罪黑数的问题无疑会对之后数据分析结果产生影响，然而犯罪黑数是人类犯罪史中一直都存在的顽疾，只能通过不断提高接警率、警情录入率来降低犯罪黑数。

（二）大数据的歧视偏见

相比于传统的人为主观经验分析，大数据采用科学的运算方法，无论是分析过程还是数据结果，看起来都更为客观和准确。但其实并不然，从数据地收集到计算模型设计再到最后的数据分析结果，每个过程都离不开人为的设计和操作，自然也不可避免地夹杂着人类的主观价值偏见。相比于传统社会中的主观偏见而言，大数据所带来的偏见和歧视更加隐蔽和灵活化，例如在大数据技术的帮助下，广告商不需要明目张胆地在广告中表达出他们对性别、收入、阶层等偏见，只需要通过大数据算出潜在客户，并有针对性地投放广告，就悄悄完成了区别化销售。[2] 商业领域的大数据歧视尚且无可厚非，但如果大数据"歧视模式"一旦蔓延至犯罪侦查领域，则会严重地影响公民权利和司法程序。

这种担忧并非空穴来风，在大数据侦查中确实存在歧视及偏见现象。这种偏见往往来源于大数据不同的操纵者。在大数据侦查工具开发阶段，主观偏见来自于大数据软件的设计师和开发商，他们往往带有技术性思维和利益追逐心理，而对司法程序及相关的法律规则不甚了解，因而不排除大数据侦查的软件带有重技术效果、轻法律程序的色彩；在早期数据准备过程中，即数据的采集、清洗等程序中，每一程序都可能夹杂着操作人员的主观价值；在大数据算法模型设计过程中，技术人员可能会将一些政策的

---

〔1〕 Carcach, C. "Reporting crime to the police", *Australian Institute of Criminology Trends and Issues in Crime and Criminal Justice* p. 68.
Dodd, T., Nicholas, S., Povey, D. and Walker, A. (2004). *Crime in England and Wales* 2003/2004. 转引自[英] Spencer Chainey、[美] Jerry Ratcliffe：《地理信息系统与犯罪制图》，陈鹏，洪卫军，隋晋光等译，47页，北京，中国人民公安大学出版社，2014。

〔2〕 See Crawford, Kate, Schultz, Jason, "Big Data and Due Process: Toward a Framework to Redress Predictive Privacy Harms", *Boston College Law Review*, 1(2014), pp. 93-128.

价值需求编入数据算法中，形成一种隐藏的价值偏见，并通过科学计算为这种政策上的偏见披上合理的外衣。而到了大数据的实务侦查应用中，前述的这些偏见会被放大，即使是再小的偏见，一旦运用至司法程序中，所造成的影响和损害也是无可估量的。[1] 还有学者认为大数据侦查中的歧视与其本身的算法有一定关系，基于数据算法的特点，大数据本身很有可能陷入其自身所造成的“数据怪圈”(self-fulfilling cycles of bias)。例如，根据大数据预测某一区域是犯罪热点，警方进而加强对该地区的警备投入，并抓获更多的犯罪分子，使得这一区域的逮捕率和破案率迅速上升。从表面上看，似乎印证了大数据预测型侦查的准确性，但该区域逮捕率、破案率的上升有可能只是警力资源投入加大的结果；反过来，较高逮捕率、破案率数据又使得该地区在大数据分析过程中进一步被确定为“热点地区”。总而言之，大数据侦查算法容易陷入一种怪圈，造成数据结果上的假象，反倒对侦查造成误导。[2]

在侦查中，大数据偏见会进一步投射到某些地区、人群中。在地域上，大数据视野下的低收入地区、外来人口聚居区、城中村、城乡接合部等地区容易成为高危犯罪地区。在人群上，具有某些身份特征的人群会成为高危分子。例如在美国，由于种族偏见的存在，传统侦查中黑人的犯罪率本就高于白人，[3]在这种背景下，大数据分析很可能会加剧种族歧视，甚至以

---

〔1〕 See Miller, Kevin, “Total Surveillance, Big Data, and Predictive Crime Technology: Privacy's Perfect Storm”, *Joural of Technolongy Law & Policy*, 1(2014), pp. 105-146.

〔2〕 See Kelly K. Koss, “Leveraging Predictive Policing Algorithms to Restore Fourth Amendment Protections in High-Crime Areas in a Post-Wardlow World”, *Chicago-Kent Law Review*, 1(2015), pp. 301-334.

〔3〕 据统计，在每十万个囚犯中，平均有478名白人男性、3023名黑人男性，51名白人女性、129名黑人女性。HUMAN RIGHTS WATCH, A NATION BEHIND BARS: A HUMAN RIGHTS SOLUTION 5 (2014), http://www.hrw.org/sites/default/files/related-material/2014_USNationBehindBars_0.pdf (citation omitted).

"科学化"方式显示出黑人更具有人身危险性、更具有犯罪的可能性。[1]

更严重的是,大数据的"偏见和歧视"还容易产生"群体性"有罪偏见。一旦对特定的人群和地区打上犯罪特征的标签之后,侦查人员便难以避免地会对该人群、该地区产生整体偏见,甚至是带有有罪推定的心理。然而,犯罪分子毕竟只是少数分子,即使是在犯罪高危地区也有大量遵纪守法的公民,犯罪地域化的标签会无形之中影响他们的社会评价。此外,针对高危犯罪人群和高危犯罪地区,警方必定会加大对该人群、该地区的侦查资源分配,加强对该地区的警务防备工作,造成差别化执法,无形中对该地区、该人群造成一定的心理压力,对其正常的生活带来一定干扰,导致民众与警方关系的紧张。

(三)数据分析的错误

大数据分析流程包括主题的确定、数据的集成、数据的建模运算以及数据可视化等一系列环节,大数据分析的每一阶段都离不开人为的操作,每一环节都具有出错的可能,每一处操作失误都有可能影响最终的数据分析结果。①主题的确定是大数据分析的前提。首先需要明确待解决的问题,如果对大数据分析的主题问题没有全面、明确的认识,则很有可能导致后面的数据集成、数据分析环节产生偏差。②主题确定之后需要进行数据集成。数据集成是指将不同来源的数据进行整合的过程,包括提取、变换和装载三个步骤。[2] 数据集成阶段涉及数据源的选择、数据清洗等问题,一旦在数据集成环节出错,则会导致数据的不完整、不稳定,影响用以分析的数据源质量。③在数据建模运算阶段,需要选择合适的算法进行数据分析,如聚类算法、关联性算法、时序算法等。尽管大数据算法具有智能性,解放了人类脑力劳动,但是数据模型毕竟是人工设计的,任何一个算法、参

---

〔1〕 See Ferguson, Andrew Guthrie, "Big Data and Predictive Reasonable Suspicion", *University of Pennsylvania Law Review*, 2 (2015), pp. 327-410.
"An officer conditioned to believe that a particular type of person may be more likely to commit a criminal act will likely see that person through the lens of suspicion. By providing the information to confirm this suspicion, big data will make it easier for police to justify a stop."

〔2〕 李学龙:《大数据系统综述》,载《中国科学:信息科学》,2015(1)。

数的不准确，都会导致分析结果误差，不同分析师针对同一主题所算出的结果也会有所差异。另外，这里还有一个法律语言与数据算法代沟的问题，大数据分析师一般都不具备法律背景知识，不一定能够将侦查的法律需求准确地用数据算法表达出来；在涉及一些法律程序、法律规则的时候，数据算法能否准确理解、翻译法律语言，也是需要考虑的问题。

另外，大数据算法中还有一对不可避免的误差，即数据的假阴性与假阳性之间的矛盾。假阴性与假阳性来源于数据统计学中的基本错误率(base rate fallacy)，它们是一对此消彼长的矛盾，即使优化数据分析挖掘技术，也不能完全避免这对矛盾的产生。[1] 大数据侦查算法中同样面临这对矛盾。大数据侦查算法的假阴性是指将犯罪结果遗漏，即没有检测出犯罪结果，这有可能导致“漏罪”；而大数据侦查算法的假阳性是指分析结果错误，误将无辜之人错认为有犯罪嫌疑甚至有罪。在一般的数据统计中，数据的假阴性和假阳性可能无足轻重，但是在司法程序中，即使是再轻微的数据偏差，都有可能造成事实认定错误及司法不公，尤其是“假阳性”错误有可能将无罪之人认定为有罪。因此，在大数据侦查中要秉持一种防范冤假错案的法治理念，“宁可错放10个，也不错判1个”，将大数据侦查算法中的假阳性概率降低至最小。

实务中，大数据分析出错的事例也屡见不鲜。美国的“禁飞系统”经常将无辜者误判断为恐怖分子，从2003年到2006年至少发生过5000次的识别错误，这些错误来源于数据库的数据错误以及识别算法的错误；[2]美国还有一个名为“可疑活动报告系统”(The Suspicious Activity Reporting, SAR)，其建立了一个犯罪嫌疑人黑名单，截至2010年12月，名单上共有161 948名犯罪嫌疑人，但最终只对103人展开了刑事调查，5人被逮捕，仅

---

[1] See Miller, Kevin, "Total Surveillance, Big Data, and Predictive Crime Technology: Privacy's Perfect Storm", *Journal of Technology Law & Policy*, 1(2014), pp. 105-146.

[2] Citron, Danielle Keats, "Technological Due Process", *Washington University Law Review*, 6 (2008), pp. 1249-1314.

有 1 人被判处有罪。[1] 总而言之,大数据分析流程是一个精妙的系统,从数据来源、数据集成、数据清洗到数据分析的每一环节、每一算法的参数都有可能对最终的分析结果造成影响。在商业、金融等其他领域,大数据分析的错误会造成经济上的损失以及管理成本的提高;然而对于犯罪侦查领域而言,大数据分析结果的准确与否关系到犯罪活动的侦破,关系到罪与非罪的判断,关系到公民人身权利、财产权利等人权保障的问题。因而,确保大数据分析过程的严谨、准确应当成为大数据侦查工作中的重点问题。

(四)数据模型的失灵

事物本身发展的不确定性也会造成数据分析结果错误。大数据方法尽管是“用数据发声”,但是仍然建立在事物本身发展的基础之上,数据分析结果的准确与否还取决于分析模型能否适应事物的发展变化趋势。然而在实践中事物的发展尽管有律可循,但也不排除会产生一些不确定的变化,这种数据的不确定性就会导致数据分析模型的失灵。例如,著名的谷歌流感指数(Google Flu Trends),其对流感的预测一直保持较高的准确度,但 2009 年的 H1N1 和 2013 年 H7N9 病毒的爆发使得谷歌流感指数的运算模型无法应对突发情况,对流感指数的估值严重偏离了官方统计的数据。[2]

大数据侦查中同样会面临数据模型失灵问题。尽管多数犯罪活动有着一定的规律性,但犯罪活动本身就具有随机性和不确定性,总会存在一些非典型的例外情况,这就会导致既有的数据模型无法识别;随着科技的进步和世界形势的变化,犯罪活动还会出现新的方式、新的手段,这些新的犯罪类型也难以被既有的大数据模型所识别出来;此外,有些犯罪分子的过强的反侦查行为也会导致一些数据之间的联系被人为切断,造成数据模

[1] See Miller, Kevin, “Total Surveillance, Big Data, and Predictive Crime Technology: Privacy’s Perfect Storm”, *Journal of Technology Law & Policy*, 1 (2014), pp. 105-146.

[2] 参见《流感防治和大数据》,载外滩画报网 https://www.baidu.com/link?url=NPhc2v12NwSpGWakcE4IdXSmoBsrYnEnY0Cf4FKQ30dpcLqckaoIEBq5RKzTLr3tXylYOafGhMkz-Bqmgqyyfa&wd=&eqid=b3521471000923d90000000355fcd1a1,最后访问时间:2016 年 9 月 28 日。

型对犯罪活动识别的障碍。[1] 应对事物发展不确定性的办法之一就是及时更新数据及数据模型，对事物发展状况进行实时追踪，通过大数据挖掘技术尽早识别出事物变化发展的趋势。

四、相关性可以替代因果性

大数据之父舍恩伯格认为，在大数据时代人们应当更关注数据之间的相关性而非因果性。一直以来，因果关系的证明都是一件比较困难的事情，大数据完全从另一条路径出发，直接去探寻事物之间的相关关系，并且很多时候知道相关关系就已经足够了。但相关性的这一理论颠覆了人类长久以来形成的因果关系思维，其合理性还有待考证。如有学者就对这一思潮提出了批判，其认为大数据技术本身是中立的，相关关系的作用被某些实用主义者过度鼓吹。[2]

的确，在商业等领域由于对于利润的追求，相关性比因果性能够更快地带来决策的改进和收益的增加。然而，能否在犯罪侦查、司法证明领域适用大数据"相关性"思维？笔者认为需要三思而后行。尽管侦查中也强调要具有相关性，但是"此相关性"非"彼相关性"。侦查中的相关性是一种建立在人类因果逻辑基础上的"强相关性"，而大数据的相关性却是建立在机器计算基础上的"弱相关性"；因果关系是相关关系的一种，而相关关系却并不尽然是因果关系。实际上，犯罪侦查以及司法证明模式一直建立在人类传统的因果思维基础上，要求缜密的逻辑体系、经得起因果关系的检验，严格的司法程序不仅仅是为了准确认定事实，更是对公民生命、自由、财产等权益的保障。因此，不能用大数据的相关性去代替侦查、司法证明中的相关性。

但这绝不是要否认大数据的相关性在犯罪侦查中的作用，即使只告诉我们是什么而不解释为什么，这种结果主义的相关性仍然会给侦查工作带

---

[1] 崔嵩：《再造公安情报》，500～501页，北京，中国人民公安大学出版社，2008。

[2] [英]维克托·迈尔-舍恩伯格，肯尼斯·库克耶：《大数据时代》，盛杨燕，周涛译，译者序部分(周涛)，杭州，浙江人民出版社，2013。

来很多新的视角。

第一，侦查人员可以在相关性基础上去寻找因果关系。如在“啤酒和尿布”故事中，大数据告诉超市啤酒和尿布放在一起卖得更好，但是数据无法算出这其中的原因。经人工进一步分析，原来是因为一些年轻的爸爸在给宝宝买尿布的同时，也会顺手买两罐啤酒作为自己的奖励。与此同理，在犯罪侦查中侦查人员同样可以在相关性基础上寻找因果关系，从相关关系中找到一些重要的变量，并用于验证因果关系的试验中去，如果能够经受司法证明因果逻辑的检验，可以在此基础上进行传统的证据调查。[1] 例如将大数据技术运用于内幕交易行为监测，系统会发出很多预警信息，但是并不是每一个警报的后面必然是内幕交易行为，指数的异常有可能具有合理的行为解释，但监管人员可以在警报的基础上进一步去查证真正的内幕交易行为。

第二，侦查人员可以通过相关性寻找更多的线索、证据。并不是任何两个事物之间的相关性都能够经受因果逻辑的检验，同样侦查过程中很多相关现象也无法找到它们之间确切的因果关系。但是我们却可以以此为线索，去寻找其他证据材料以印证，拓展新的侦查思路。这种方法目前在侦查实务中已经得到了广泛的应用，例如在职务犯罪侦查案件中，通过话单数据挖掘筛选嫌疑人的高频联系人，他们可能是其他犯罪嫌疑人，也可能只是嫌疑人的亲友，侦查人员可以在此基础上对几位联系人进行进一步调查分析，确认他们之间是否有利益关系、存在行贿受贿的可能性。

第三，侦查人员可以在相关性基础上发挥犯罪监控、犯罪预测功能。“找到一个关联物并监测它，我们就能预知未来”，舍恩伯格的这一观点大大拓展了犯罪侦查的思路和方法。尤其是大数据的预测性功能将事后侦查转变为事前的犯罪预防，通过大数据算法时刻监控、识别异常的违法犯罪现象，在犯罪尚未发生之时便阻止它。因而，在很多对犯罪行为本身不好直接观察的情况下，可以找到它的关联物并进行监控。并且，随着平行

---

〔1〕 高波：《从制度到思维：大数据对电子数据收集的影响与应对》，载《大连理工大学学报》（社会科学版），2014(2)。

数据空间的形成，越来越多的事物都已经具备寻找关联数据的条件。例如在职务犯罪案件查处过程中，从嫌疑人本身着手可能难以发现犯罪线索，但侦查人员可以从与职务犯罪相关的现象入手，选取与职务犯罪相关的数据进行分析，如出入境数据、高档消费场所数据、房地产交易数据中可能就存在着与职务犯罪相关的数据。对这些数据进行实时监测，有利于及时识别职务犯罪线索、发现犯罪苗头，起到一定的监控、预测犯罪的效果。

五、预测性违背无罪推定原则

预测是大数据最重要的价值，建立在预测思维基础之上的“犯罪预测”也是大数据侦查的重要组成部分。随着大数据技术的成熟，犯罪预测将不再是难题，警方可能会在越来越多的犯罪活动发生之前就将其阻止。在大数据侦查的预测思维下，很多人产生这样的认识——大数据预测性思维与刑事诉讼法中“无罪推定”原则形成了悖论。具体言之，如果侦查人员在犯罪活动发生之前就将其阻止，那么事实上犯罪活动并没有开始，无论大数据预测技术有多么精准，犯罪事实终究是没有发生，预测结果永远无法得到证实。在此过程中，侦查人员并没有看到犯罪活动发生，也没有直接证据能够证明犯罪活动的发生，仅仅是根据大数据的预测结果便对某个“犯罪嫌疑人”产生有罪推断甚至是采取相关措施。如果只是阻止犯罪而不采取惩罚措施，嫌疑人则有可能再次犯罪；而一旦采取惩罚措施，则是对未来犯罪行为的惩罚，违背了程序法中无罪推定的基本原则。〔1〕

无罪推定原则是现代刑事诉讼的最重要支撑理论之一，是指在未经依法有罪判决之前，任何人都应当被视为无罪。早在18世纪，意大利亚著名法学家贝卡利亚就已经提出了无罪推定原则。〔2〕无罪推定原则作为现代刑事诉讼的基石，其实际上是一种价值论，是一种法律拟制：无罪推定原则并不否认人们的主观认识可能与其不同，而是要求人们的法律判断应受其

〔1〕 徐继华，冯启娜，陈贞汝：《智慧政府：大数据治国时代的来临》，233页，北京，中信出版社，2014。高波：《大数据：电子数据证据的挑战与机遇》，载《重庆大学学报（社会科学版）》，2014(3)。

〔2〕 [意]贝卡利亚：《论犯罪与刑罚》，黄风译，37页，北京，中国法制出版社，2014。

约束。[1] 大数据预测侦查中,侦查人员根据数据分析结果而采取相关措施,是基于侦查机关行使职权的需求及大数据预测的技术特征,并非是从理念上去否定无罪推定原则。相反,无罪推定原则能够指导大数据预测侦查在法治程序中更好地展开。制定保障嫌疑人权利的诉讼程序是无罪推定原则的应有之义,据此,可以通过具体制度的设计来构建大数据预测侦查的法定程序。具体言之,通过大数据算法来对不同犯罪分子风险进行评估,赋予其不同的风险等级,结合案件的种类及犯罪分子风险的大小来采取不同的侦查措施,确保侦查措施适用的"谦抑性"。对于人身危害性小或犯罪概率较低的嫌疑分子,可以实行重点人口管控,由当地的居委会、治安人员对其进行监控并及时向公安机关反映;对于人身危险性较严重或犯罪概率较大的嫌疑分子,应当实行重点监控措施,如安排刑事特情进行监控,对其进行盘问、检查等。不过笔者认为,在犯罪预测阶段、犯罪行为尚未发生之时,始终不宜对"危险分子"采取侵犯其人身自由等重大权益的侦查措施。另外,要防止出现数据独裁现象,即使大数据预测结果显示犯罪发生的风险等级较高,有必要对"危险分子"采取较强的侦查措施,侦查人员也必须结合物证、电子数据等其他传统证据,形成相互印证的证据体系,不能只依据大数据预测结果便采取相关措施。

第三节　大数据侦查思维对司法证明的影响

司法证明是指在诉讼中,抗辩双方提出证据并说服法官相信己方事实主张的过程。[2] 司法证明可以分为自向证明和他向证明。一般人会理解为只有在审判阶段才需要司法证明,其实不然,司法证明贯穿于整个诉讼过程中。在侦查环节,侦查人员主要进行的是自向证明,即寻找证据去证明自己的事实认定是正确的。即使是自向证明,同样应当遵循司法证明的基本原理,并且侦查环节的证明是否充分,也决定了在审查起诉、审判中的

---

〔1〕 张令杰,张弢,王敏远:《论无罪推定原则》,载《法学研究》,1991(4)。

〔2〕 何家弘,刘品新:《证据法学》,194页,北京,法律出版社,2013。

相关事实认定是否立得住脚。在这一过程中，大数据侦查的思维特征同样也会对传统的司法证明原理产生影响，尤其是相关性思维对司法证明的相关性要求和传统证明标准产生影响。本节也针对这两个问题展开分析。

一、对传统司法证明相关性的影响

传统的司法证明中，要求证据与待证事实之间具有关联性，这种关联性也是司法证明的基础逻辑。《美国联邦证据规则》第401条对关联性有着最经典的解释：相比于没有该证据而言，该证据能够使得某事实更可能存在或者更不可能存在的任何趋向，并且该事实对于确定诉讼具有重要意义；[1]根据华尔兹教授的观点，关联性更强调对案件中实质问题的证明作用；[2]还有学者认为证据不仅要具有实质关联性，在载体和形式上也要具有关联性。[3] 但是无论学界对于司法证明关联性采取何种认定标准，其都不同于大数据的“相关性”。司法证明的关联性是建立在小数据时代的因果关系认知方式的基础上，其本质上是一种因果关系。结合大数据侦查的思维特征，本节从以下两个方面探讨大数据的相关性对传统证明中相关性的影响。

（一）关联数据的相关性

“找到一个关联物并监测它”是大数据的经典理论之一。大数据可以找到某个现象的良好关联物，通过对关联物的分析来观测现象本身。这一原理同样可以在侦查领域运用。如果A和B经常一起发生，我们只要注意到B发生了，就可以预测A也发生了。那么在司法证明中，如果A事实的证据难以获取，但是B与A之间有相关性，那么是否可以通过对B事实的证明来证明A事实呢？进一步分析，假设B能够证实，但是A与B之间的关联性是通过数据运算所得出的，那么A与B之间的关联性是否站得住

---

〔1〕 王进喜：《美国〈联邦证据规则〉（2011年重塑版）条解》，56页，北京，中国法制出版社，2012。

〔2〕 易延友：《美国联邦证据规则中的关联性》，载《环球法律评论》，2009(6)。

〔3〕 邱爱民：《论证据关联性的界定与判定》，载《扬州大学学报》（人文社会科学版），2009(6)。

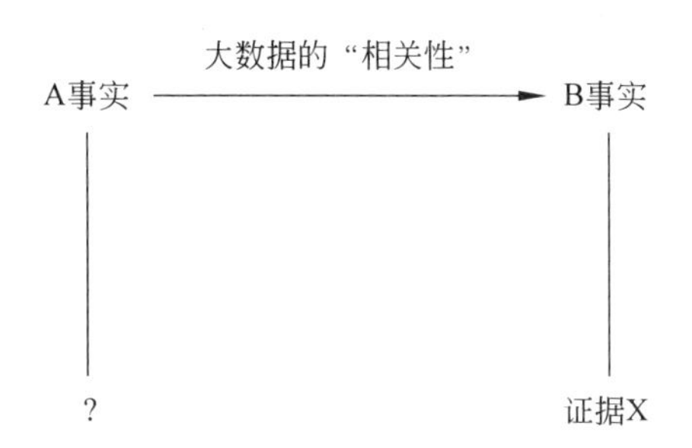

脚呢?

笔者认为,刑事司法证明关涉公民的生命、自由等重要权利,不能直接用数理的相关性去替代基于人类经验的司法证明因果关系。如果A和B仅仅是数理上的相关性,则不能通过对B事实的证明来证明A事实。但是B事实可以为A事实的证明提供相关线索,或者在A事实与B事实之间进一步寻找因果关系的解释。例如,通过对海量微信诈骗案件进行大数据分析,发现欺诈账号与广西宾阳之间存在密切联系,八成以上的微信诈骗来自广西宾阳,那么在这里微信欺诈与广西宾阳之间就是关联现象。假设警方现在证实了一起微信诈骗账号,但不能就此直接判断作案者就一定来自广西宾阳,不过可以将此作为线索,从广西宾阳籍人群中展开摸排,进一步寻找二者间的因果关系。

(二)衍生数据的相关性

在大数据侦查中,通过大数据技术所获取的数据结果主要有两种形式:一种是通过大数据方法在海量数据中去寻找与案件有关的数据,这是一种“从大数据到小数据”的过程,大数据在其中只是扮演了一种方法、技术的角色(如数据碰撞、数据搜索等方法)。这种方式所获取的数据仍然保持原始状态,与一般的电子数据形式无异,其与案件事实的关联性的判断依然可以遵照传统司法证明中的关联性规则。另一种是通过对海量原始数据进行二次分析后所得出的衍生数据,这时大数据技术改变了数据本身的状态,获取的是对数据本身进行再次分析后得出的衍生数据。衍生数据往往反映人物行为特征、事物发展规律等信息,看似与案件无直接联系,但是能够为案件侦查提供很多线索和突破口。例如上文所介绍的J省W市通过手机数据侦破贪污案件,就是衍生数据的典型运用。这些衍生性数据往往与案件存在微弱的联系,它们能够对案件事实的证明起到一定作用,但又不同于传统意义上建立在因果关系基础上的相关性,正如有学者所云:这些数据与案件存在着若有若无的关系(potentially relevant),但是并不能直接有效地去证明有罪或是无罪(not particularly probative of innocence or guilt),这种相关性并非是传统意义上的"关联性"。[1] 那么衍生数据的关联性站得住脚吗?

笔者认为,鉴于目前大数据相关性理论尚不成熟,还不能直接将衍生数据的关联性与传统证据的关联性等同,不宜直接赋予其证据地位,但又不能忽略这类衍生数据的作用。进一步假设,在相关理论发展成熟之际,或许可以参照英美法中的"品格证据"和"习惯证据"规则来确定这类衍生数据的可采性。品格证据是指一个人诚实与否、温和与否等性格,它往往带有道德评价的色彩;而习惯证据是指某个人在行为方式上具有某种倾向,特定情况下的行为具有一贯性,习惯证据一般是中立的。[2] 大数据分析所得出的衍生数据恰恰能够反映出一个人的品行、性格倾向、行为习惯等情况,某种意义上其与传统的"品格证据"及"习惯证据"有相似之处。不过传统的品格证据及习惯证据一般是以主观的形态所呈现,[3]而衍生数据则是通过科学计量的方式所得出。按照英美证据法规则,习惯证据一般具有可采性,而品格证据的使用则有着严格的限制。品格证据由于不具备必然的关联性,一般情况下应当排除;特定情况下,品格证据能发挥"有限采

---

[1] See Brandon L. Garrett, "Big Data and Due Process", *Cornell Law Review Online*, pp. 207-216. "A wide range of electronic information (and less and less information is not electronic in some fashion) may be potentially relevant, but not particularly probative of innocence or guilt."

[2] 王进喜:《美国〈联邦证据规则〉(2011年重塑版)条解》,77~93页,北京,中国法制出版社,2012。

[3] 《联邦证据法》规制第405条规定,证明品格的方法有声望、意见或具体行为实例。在Loughan v. Firestone Tire and Rubber Company一案中(749 F. 2d 1519),是通过证人证言的形式来证明上诉人具有饮酒的行为习惯。

纳”的证明价值,如对犯罪构成要件以外的犯罪事实进行证明,对证人、被告人以及被害人品格的证明等。[1] 因而,笔者认为在相关理论和实务运用成熟之际,对于与品格及行为习惯相关的衍生数据,可以参照品格证据及习惯证据的可采性规则,赋予其一定的证据价值。[2]

二、对传统司法证明标准的影响

大数据侦查思维在对传统证明方式带来冲击的同时,也会对司法证明标准产生影响。鉴于本书的主题是“大数据侦查”,这里主要探讨侦查环节的证明标准问题。美国证据法将证明标准分为绝对确定性(absolute certainty)、排除合理怀疑(beyond reasonable doubt)、清晰而有说服力的证明(clear and convincing proof)、合理怀疑(reasonable suspicion)等九个证明标准,[3]不同的证明标准分别对应不同的诉讼阶段。侦查阶段的证明标准相对较低,在美国,采取搜查、扣押、逮捕等侦查措施的证明标准是“合理根据”(probable cause),进行拦截和拍身搜查(stop and frisk)的证明标准是“合理怀疑”(reasonable suspicion)。

以拦截和拍身搜查(stop and frisk)中“合理怀疑”的证明标准(reasonable suspicion)为例。[4] 在传统的拦截和拍身搜查程序中,警方需要切实观察到一个人当下的行为具有犯罪的可能性,并达到合理怀疑的程度,方能够对嫌疑人进行拦截以及拍身搜查。警方产生合理怀疑的判断必

---

〔1〕 何家弘:《从应然到实然——证据法学探究》,247～251页,北京,中国法制出版社,2008。

〔2〕 实际上,衍生数据的范围要远远广于传统品格证据、习惯的范畴,例如有些衍生证据是对人的行为轨迹或是某个物体状态的描述,与品格无关,对于这类衍生数据应该可以作证据使用;再如通过数据挖掘所得出的犯罪人物关系图也是衍生数据的一种,但是其所证明的是犯罪群体中不同角色的功能地位,这也是品格证据及习惯证据的范畴都无法囊括。

〔3〕 陈瑞华:《刑事证据法学》,247页,北京,北京大学出版社,2012。

〔4〕 拦截和拍身搜查(stop and frisk)中的“合理怀疑标准”是在Terry v. Ohio一案中确立的。在Terry一案中,法院认为警方的拦截和拍身搜查(stop and frisk)仍然属于宪法第四修正案所规定的扣押和搜查(searches and seizures),但是由于情况紧急免除了“令状”的要求,不过仍然应当苛以“合理根据”(probable cause)的证明标准。不过最后,法院以“合理怀疑”的标准替代了“合理根据”的标准,降低了“拦截和拍身搜查”的证明标准要求。

须是根据当时的事实,依据其执法经验和主观判断做出合理推断。[1] 然而,大数据预测型侦查的思维方式,却对传统的合理怀疑标准及认定方式产生了冲击。具体而言,在大数据时代,从技术上完全可以获取关于犯罪嫌疑人的大量个人数据,从而推测其犯罪的可能性。从内容上看,大数据侦查的证明重心更多地倾向于犯罪人本身而不是当下的行为,更多地倾向于过去行为的历史数据而非当前行为数据;从形式上看,相比于传统合理怀疑中主观型、经验型的认定方式而言,大数据侦查用机器运算得出数据来表示犯罪概率、犯罪可能性,去证明某人具有多大的可能性实施犯罪。这种思维的问题在于:因为犯罪事实尚未实际发生,这些数据并非直接来源于当下的行为,仅仅通过相关数据去计算一个人犯罪的可能性概率,这些数据是否能够构成合理怀疑标准呢?[2]

然而,美国在Terry案件之后的一系列司法判例中,"合理怀疑"标准的内涵也发生了一些变化,似乎为大数据侦查的运用提供了有利土壤。Terry v. Ohio案中强调合理怀疑标准要建立在当前的犯罪行为上,而不能仅仅依据嫌疑人个人信息来判断。但是之后的一系列判例却显示出,合理怀疑的判断内容越来越倾向于与嫌疑人有关的个人信息。在Sibron v. New York案中(与Terry案件在同一天判决),[3]警方事前并不认识的嫌疑人,仅仅根据Sibron与几名吸毒者的交谈的行为便怀疑他在从事毒品交易(警方认识吸毒者),法院认为本案中信息不充分,警方缺少与嫌疑人身份有关的信息便做出了合理怀疑,因而判决警方行为不合法。在Alabama v. White案件中,[4]警方依据一份匿名举报信便进行了搜查和逮捕,举报消息包括嫌疑人的姓名、地址及活动路线,法院认为此案构成合理怀疑,警

---

〔1〕 王兆鹏:《美国刑事诉讼法》,237页,北京,北京大学出版社,2005。

〔2〕 See Ferguson, Andrew Guthrie, "Big Data and Predictive Reasonable Suspicion", *University of Pennsylvania Law Review*, 2 (2015), pp. 327-410. SeeKelly K. Koss, "Leveraging Predictive Policing Algorithms to Restore Fourth Amendment Protections in High-Crime Areas in a Post-Wardlow World", *Chicago-Kent Law Review*, 1(2015), pp. 301-334.

〔3〕 392 U.S. 40(1968).

〔4〕 496 U.S. 325(1990).

方行为合法。在 Ornelas v. United States 一案中,[1]警方对一辆有嫌疑的车辆进行检索,发现车主的名字在贩毒者的名录中,在此基础上警方又搜集了嫌疑人的一些其他信息,最终对其做出了拦截措施。在 United States v. Hensley 一案中,[2]警方仅仅根据嫌疑人在另一州的黑名单上(wanted flyer),[3]就认定合理怀疑,法院认为此案中的个人身份信息足够达到合理怀疑标准,可以进行拦截。可见,在 Hensley 案件之后,合理怀疑标准的认定就不仅仅局限于正在进行的犯罪活动了。[4] 从上述的判例变迁中,可以看出法院对于合理怀疑的认定标准从当下的犯罪行为逐渐倾斜至嫌疑人的个人信息,这一转变似乎为大数据侦查提供了运用土壤——因为通过大数据技术可以轻而易举地获取与嫌疑人有关的个人数据。总而言之,大数据侦查在美国的司法体系中已经显示出对证明标准的影响,但是到底会对侦查实务产生多大的冲击,以及如何去回应这些影响,还需要根据未来大数据侦查技术的发展以及美国的司法实践来给出确切的答案。

我国证明标准的划分并不像美国证据法体系那样细致,况且在侦查阶段并没有明确的法定证明标准。尽管《刑事诉讼法》第 107 条规定了立案标准,第 79 条规定了逮捕标准,但是对于搜查、扣押等其他侵犯公民人身权利、财产权利的侦查措施并没有规定证明标准,更不要说像美国一样对拦截、盘问、检查等措施规定证明标准了。因而不少学者认为我国审前程序并没有建立司法证明机制。[5] 长期以来在侦查实务中,侦查人员对于侦查阶段的证明标准认定主要结合立案标准,特别是逮捕、起诉标准进行内心的主观经验判断。那么,随着大数据侦查技术的推广和普及,我国未来的侦查中是否也会面临与美国同样的证明标准问题呢?试想,若建立了

---

〔1〕 517 U.S. 690(1996).

〔2〕 496 U.S. 221,223(1985).

〔3〕 The only data point for suspicion was Hensley's identity.

〔4〕 See Ferguson, Andrew Guthrie, "Big Data and Predictive Reasonable Suspicion", *University of Pennsylvania Law Review*, 2(2015), pp. 327-410.

〔5〕 陈瑞华:《刑事诉讼中的证明标准》,载《苏州大学学报》,2013(3)。

“大数据高危分子预测系统”，对于高危分子的犯罪概率或人身危险性，系统给出了如30%、70%等不同数值，或是给出了如轻度危险、中度危险、高度危险等不同程度的预警信号。这些不同的数值或等级，证明了当事人的“嫌疑程度”“危险程度”的大小和高低是不同的。那么，这里就存在着大数据分析结果与证明标准以及侦查措施相对应、相衔接的问题，不同数值是否应当应对不同的证明标准、采取不同的侦查措施呢？如何去回应大数据思维对传统司法证明标准所带来的影响，是否需要建立适应大数据侦查模式的证明标准，这些恐怕都是需要我们去考虑的问题。

第四节　本章结论

本章主要探讨了大数据侦查的思维体系，澄清了大数据侦查中可能存在的思维误区，分析大数据侦查的思维特征可能对传统侦查程序、原理所带来的影响。

大数据侦查具有相关性、整体性及预测性三大思维特征。①相关性。相比于建立在人类因果关系思维基础上的传统侦查而言，大数据侦查遵循的是机器主导的相关性思维分析模式，通过量化两个数值之间的数理关系去发现更多的线索。②整体性。传统的侦查建立在小数据时代，所获取的线索、证据带有“抽样”的特征，而大数据侦查则采取一种整体取证、整体还原事实的思维路径。③预测性。传统的侦查大多是被动的、事后侦查模式，大数据侦查则能够发挥大数据的预测思维，事前对犯罪作出预测，从而防患于未然。

大数据侦查思维固然能够促进传统侦查向着高效、智能化方向变革，但在这一趋势下也要谨防陷入“唯大数据论”的误区，认为大数据无所不能。殊不知，大数据分析结果并非一定是客观、准确的，数据源质量、数据采集偏差都会影响分析结果的准确性；大数据还会以某种隐蔽手段实施歧视、偏见行为，侦查中大数据偏见容易对部分地区、人群产生“有罪歧视”；大数据的相关性思维也并非万能的，在司法领域，机器的相关性思维归根到底不能替代建立在人类主观经验基础上的因果思维；对于大数据预测性思维违背无罪推定原则的这一观点，也值得再商榷。

大数据侦查的思维特征不可避免地会对传统司法证明机理产生影响。首先，大数据的相关性思维对传统的司法证明原理会带来一定的冲击。传统司法证明中的相关性建立在人类因果关系思维的基础之上，而大数据侦查的相关性则是建立在机器相关性思维的基础上，二者如何对接与协调是难题。其次，大数据的相关性思维对传统司法证明标准的判断方式、表达方式也产生了一定的影响，大数据预测侦查将犯罪可能性表达为一种数学上的概率，如何将其和传统证明标准进行对接是难题。上述的这些问题，有些已经在实务运用中有所凸显，有些是笔者根据大数据侦查的思维特征所进行的合理化判断。未来随着大数据技术在侦查领域的推广和普及，大数据可能会对更多的侦查原理、司法程序产生影响。如何去协调、对接传统侦查思维与大数据侦查思维之间的差异，在现有法律框架下构建起适应大数据思维的侦查体系，是我们不得不面对的问题。

在具体的侦查实务中，大数据侦查的思维特征会进一步蔓延和放大化，催生出以大数据为中心的新的侦查模式。例如预测性思维会产生针对未来犯罪的事前侦查模式，整体性思维会产生针对同类案件的整体分析模式，相关性思维会推动侦查人员在数据空间对相关关系的挖掘等，详情将在下一章节分析。

第四章　大数据侦查的模式

“模式”是指事物的标准样式。模式归纳法是从概括和抽象的视角出发，对事物的本质和结构进行提炼，但无法描述出事物的全面样貌。[1] 据此，侦查模式就是对实务中侦查现象、侦查方法所不断呈现的特征和规律进行提炼和归纳。[2] 本章拟结合大数据的技术特征和大数据侦查的实务运用，对大数据侦查的运用模式进行归纳。

目前，学界对于传统的侦查模式已经有了丰富的研究成果。按照不同的标准，可以对侦查模式进行不同的分类：如根据诉讼双方在程序中的地位和角色不同，可以分为对抗式侦查模式和职权式侦查模式；[3]按照侦查中参与人员的不同，可以分为单轨制侦查和双轨制侦查模式；[4]另外，还可以从侦查活动本身出发，将侦查模式分为“案—人”“人—案”“案—案”“物—案”等侦查模式。其实，无论是何种侦查模式的分类，都是研究者基于不同的角度，对纷繁复杂侦查活动的本质和特征进行的提炼和归纳。[5]

对于纷繁复杂的大数据侦查活动，同样可以依照不同的标准来进行模式归纳。本章拟从侦查对象、侦查时空、数据形态等不同的角度，将大数据侦查归纳为个案分析模式和整体分析模式，回溯型侦查模式和预测型侦查模式，原生数据模式和衍生数据模式，“人—数—人”模式和“案—数—案”模式，以及“案—数—人”模式和“人—数—案”模式。

---

〔1〕 陈瑞华：《刑事审判原理》，298 页，北京，北京大学出版社，1997。

〔2〕 李心鉴：《刑事诉讼构造论》，3 页，北京，中国政法大学出版社，1998。

〔3〕 万毅：《转折与定位：侦查模式与中国侦查程序改革》，载《现代法学》，2003(2)。

〔4〕 何家弘：《从它山到本土——刑事司法考究》，6～25 页，北京，中国法制出版社，2008。

〔5〕 杨郁娟：《侦查模式基本问题研究》，载《吉林公安高等专科学校学报》，2008(2)。

第一节　个案分析模式和整体分析模式

一、个案分析模式与整体分析模式的区分标准

个案侦破一直是侦查工作的核心。在具体个案发生后，侦查人员可以通过大数据方法去发现数据空间的案件情报、线索和证据。殊不知，在已经侦破的海量历史犯罪案件中，通过大数据挖掘方法，也能够发现作案手段、案发地点、人员分布等方面的特征规律，并为今后同类案件的侦破、预测提供情报信息。因此，按照分析对象的不同，可以将大数据侦查分为个案分析模式和整体分析模式。个案分析模式针对的是某个具体案件，在案件发生后通过大数据方法查找、收集与案件相关的线索和证据；整体分析模式则不针对某个具体的案件，而是按照不同的维度对大量历史案件整体进行大数据分析，从中挖掘出犯罪活动在地域、时间、类型、人群、作案手段等方面所呈现出来的整体规律、特征，为今后同类案件的侦破及预测提供有利情报信息。

二、个案分析模式与整体分析模式的比较

（一）个案分析模式与整体分析模式的差异

除了针对的对象不同，个案分析模式和整体分析模式在实施的时间、实施的目的方面也有着显著差异。①实施的时间不同。个案分析模式大都是在某个具体案件发生后进行，包括所谓的初查阶段和侦查阶段。这时候一般已经有基本的犯罪事实信息或犯罪嫌疑人信息。只有在案件实际发生后，方才有条件根据已知的人或案的信息去选择合适的大数据侦查方法。整体分析模式虽然也是发生在案发后，但并非是在某个具体案件发生之后的情境，而是基于更宏观的历史视角，对过去发生的犯罪数据进行分析。②实施的目的不同。个案分析模式的目的非常明确，就是寻找有价值的线索和证据，协助个案侦破，因而个案分析模式在时间上也具有一定的紧迫性。整体分析模式的目的是发掘过去已经发生的案件在地点、时间、

人群、作案手段等方面所呈现的特征和规律，这些特征和规律可以作为未来同类案件侦破的情报，也可以作为采取预防、减少此类犯罪发生措施的依据，在时间上并非特别紧迫。

（二）个案分析模式与整体分析模式的联系

个案分析模式和整体分析模式并非是完全对立的两种大数据侦查模式，它们之间也有相互促进、相互利用的一面。

一方面，在整体分析模式中，对历史案件进行大数据分析所获取的特征和规律，可以为同类、同地区或者同人群的案件侦破提供有利的情报信息，促进个案的侦破效率。例如，通过大数据分析显示，冒充微信账号欺诈类犯罪中，80％的犯罪分子来自广西宾阳籍，并以家族形式作案。据此，再遇到类似微信欺诈案件时，侦查人员就可以首先在广西宾阳籍中排查嫌疑人。再如，大数据分析显示“技术性开锁入室的盗窃团伙一般来自江西宜春”，犯罪手段“技术性开锁入室的盗窃”与罪犯户籍地“江西宜春”之间就有着关联性，当某地发生技术性开锁入室的盗窃时，侦查人员就要联想到可能是江西籍罪犯所为。这样就缩小了侦查范围，提高了摸排工作的效率。

另一方面，整体分析模式也需要建立在大量已侦破个案的基础上，大数据侦查的个案分析模式有助于破获更多的案件，为整体分析模式提供更丰富的数据资源。整体性特征和规律的总结需要以大量同类个案为基础，个案的数量越多，所提炼的特征和规律就越具有代表性和普适性。例如侦查人员对微信欺诈类案件及技术性开锁入室盗窃案件中犯罪嫌疑人地域特征规律的总结，正是建立在海量已经侦破的同类案件基础之上。

三、个案分析模式与整体分析模式的区分意义

将大数据侦查区分为个案分析模式和整体分析模式，有利于侦查人员全面获取犯罪情报和信息，尤其是要注意对整体分析模式的运用。在以往的侦查活动中，侦查人员往往只注重在个案发生后，收集、分析个案中的情

报信息，而忽略对案件整体规律的总结归纳。即便是有一些总结历史案件规律的做法，但由于传统分析方法的限制，大都是凭借主观经验对具有明显表层关系的犯罪要素进行归纳总结。随着社会转型的加快，犯罪活动呈现类型丰富化、手段多样化、情节复杂化等特征，相关犯罪数据呈海量增长趋势，仅靠人为主观分析已经难以驾驭这些庞大复杂的犯罪数据。大数据整体分析模式无疑为犯罪规律分析提供了最好的方法，将犯罪特征转化为数据之间的函数关系，借助数据挖掘技术对海量的犯罪数据进行定量分析，通过数学模型来发现犯罪要素之间更深层次的联系。常见的整体分析模式有："身份—犯罪模式"，是指犯罪分子的年龄、性别、职业、学历、籍贯等身份因素与犯罪之间的关系；"环境—犯罪模式"，是指案发周围的地理环境、自然环境、社会环境、监管环境等因素与犯罪之间的关系；"犯罪行为—犯罪行为模式"，是指在犯罪过程中，犯罪分子在各个阶段所实施的犯罪行为之间的关联性。

另外，大数据侦查的整体分析模式还强调盘活沉睡已久的司法数据资源。实际上，公安机关、检察机关及法院的电子化办案系统中都存有海量的历史案件数据，它们恰恰是对历史案件特征、规律进行分析的最佳第一手数据资源。但是由于实务中这种整体分析模式尚不受重视，案件在被侦破之后就没有多少价值了，大量的案件数据都还处于沉睡状态。因此，下一步的大数据侦查工作中，司法人员应当意识到办案系统中所蕴藏的丰富"数据矿藏"，尽快盘活沉睡的历史案件数据资源。实际上，目前已经有一些地区的侦查机关开始意识到并开发本地的司法数据资源，[1]对本地区海量犯罪数据进行大数据分析，发掘各类型犯罪活动的规律。某市检察院大数据平台中心的"专项分析功能"，曾对该市 2012 年至 2014 年的涉购物卡类犯罪进行整体分析，选取该市三级检察机关所办理案件中所有涉及购物卡的犯罪数据，以购物卡为主线串联起各相关案件，分析购物卡类犯罪在地域、人群、时间等不同维度呈现出的特征，为该市检察机关今后查办、预

---

[1] 例如"全国检察统一业务应用系统"中的海量办案数据。

防购物卡类犯罪案件提供了丰富的情报信息资源。

第二节　回溯型侦查模式和预测型侦查模式

一、回溯型侦查模式和预测型侦查模式的区分标准

由于时空的不可逆性，人类不可能先知先觉。传统的侦查活动一般只能在犯罪行为发生后进行，侦查活动距离犯罪活动总有一定的时间滞后性。由于时间差的存在，给案件的侦破带来了困难，侦查人员只能通过有限的证据去还原发生在过去的事实，这事实也便如镜花水月一般具有模糊性；[1]由于时间差的存在，即使最后对犯罪分子科以刑罚，也无法挽回人类的生命、财产等权利所受的伤害。因此，长久以来对犯罪活动的预测就一直是人类为之努力的目标。实质上，看似纷繁复杂的犯罪活动，背后也有着一定的规律，一旦掌握了犯罪规律，预测未来的犯罪活动便不再是遥不可及之事。大数据技术的出现，使得人类预知未来世界成为可能。大数据能够将事物、现象的规律转化为数据之间的数理关系，从而预测未来。目前，大数据的预测功能在商业领域、互联网领域已经得到了广泛证实，在犯罪侦查领域的运用也开始崭露头角。如果能够提前预知何时、何地会发生犯罪，警方就可以提前采取预防、制止措施，将犯罪活动扼杀在准备阶段，从而避免公民的生命、财产等权利遭受侵害。

实际上预测犯罪并非完全是大数据的产物。早在前信息化时代人类就意识到了预测犯罪的重要性，不过早期的犯罪预测更多的是依靠侦查人员的主观经验来判断。现代意义上的预测型侦查可以追溯到20世纪80年代，美国纽约(New York City Transit Police Lieutenant)警察杰克马普(Jack Maple)发明了犯罪制图方法，通过这种方式识别出犯罪高危地区，并作为警力资源分配依据。随着信息科学技术的发展，1994年美国纽约警方发明了COMPSTAT，警方第一次利用电子地图去描绘犯罪数据。

〔1〕何家弘：《短缺证据与模糊事实》，序言第1页，北京，法律出版社，2012。

COMPSTAT 对于预防和减少犯罪具有显著效果，在人类的侦查历史上具有里程碑式的意义，尽管其不如现代大数据算法的智能化，但是已经具备了预测型大数据侦查的雏形。随着人类信息科学技术的发展，预测犯罪逐渐由传统的主观经验式分析转移到现代的科学数据化分析，并出现了越来越多的自动化、智能化大数据预测犯罪工具。

犯罪活动之所以可以被预测，除了强大的数据分析技术外，犯罪活动本身所具有的规律性也是预测的前提。经研究证实，犯罪分子往往倾向于在同一时间、同一地点实施相同的犯罪行为。尤其是财产类犯罪具有相当高的重复性，一旦犯罪分子在某个地方得手了，他们就会一而再、再而三光顾此地。〔1〕 这在犯罪学中被称之为“邻近重复模型”(the near repeat model)，〔2〕这一模型认为犯罪活动遵循像地震中余震一样的规律，一些特定的犯罪会在特定的区域重复发生，抢劫、盗窃等财产性犯罪都遵循这种模式。预测型大数据侦查模式将犯罪理论与犯罪数据相结合，核心就在于设计出反映各种犯罪活动特征、规律的大数据“算法模型”，将犯罪活动的

---

〔1〕 See Kelly K. Koss, “Leveraging Predictive Policing Algorithms to Restore Fourth Amendment Protections in High-Crime Areas in a Post-Wardlow World”, *Chicago-Kent Law Review*, 1(2015), pp. 301-334.

〔2〕 实际上，关于预测型侦查还有其他一些犯罪学理论的支撑。例如 Risk terrain modeling (地理风险模型)，这一模型认为犯罪行为较少受到之前事件的影响，而是受到各种动态因素的影响，如社会因素、心理因素、行为因素等。RTM 的原理是选定与犯罪有关的地理特征、环境特征等，如酒吧、酒店、脱衣舞俱乐部等地理特征，然后将目标区域与事先选定的地理特征进行匹配，在此基础上预测犯罪的发生。Routine activity theory(日常活动理论)也是一个非常有名的理论，认为犯罪的发生都是由于以下三个基本因素所造成——潜在的罪犯、适合的目标以及缺失的监管，当在合适的时间、空间中同时具备这三项因素时，犯罪就会发生。Crime pattern theory(犯罪模式理论)认为罪犯具有独特的认知空间，犯罪的活动范围一般限定在一个三角空间 ——家、工作及娱乐场所，这些地区就是罪犯的认知空间，在认知空间和存在犯罪机会的区域发生交叉时犯罪活动就有可能发生。SeeFerguson, Andre Guthrie, “Predictive Policing and Reasonable Suspicion”, *Emory Law Journal*, 2(2012), pp. 259-326.; Kelly K. Koss, “Leveraging Predictive Policing Algorithms to Restore Fourth Amendment Protections in High-Crime Areas in a Post-Wardlow World”, *Chicago-Kent Law Review*, 1(2015), pp. 301-334; Myers, Laura; Parrish, Allen; Williams, Alexis, “Big Data and the Fourth Amendment: Reducing Overreliance on the Objectivity of Predictive Policing”, *Federal Courts Law Review*, 2(2015), pp. 231-244.

规律转化为数据之间的相关关系，利用数据规律对未来犯罪活动进行预测，打通连接过去和未来的数据桥梁。

综上，按照时间序列标准，可以将大数据侦查分为回溯型侦查模式和预测型侦查模式。回溯型侦查模式是针对已经发生的犯罪行为，可以是在某个具体案件的侦破中运用大数据方法寻找相关的线索、证据，也可以是对大量历史犯罪数据进行整体的分析，寻找犯罪活动的内在规律。预测型侦查模式则着眼于未知的犯罪活动，通过大数据技术预测未来犯罪活动的发生，以及发现某些正在发生的隐蔽性犯罪的线索。

二、回溯型侦查模式和预测型侦查模式的比较

（一）回溯型侦查模式和预测型侦查模式的联系

从时间轴来看，大数据本身的运用遵循着“对过去/现状的把握—对未来的预测—优化措施”这样一个连贯过程。首先需要收集过去的相关数据并进行分析，从中挖掘出共有的模式和规律，并将这些模式和规律运用至对未来情况的预测中。在这一过程中，大数据运用究竟要实现到哪个级别是没有规定的，这取决于决策者的需要，做到“对过去/现状的把握”这一步也是可以的，做到“对未来的预测”这一步也是可以的。[1]

大数据侦查同样也遵循这一时间轴过程。回溯型大数据侦查模式和预测型大数据侦查模式尽管是大数据运用体系中的不同阶段和级别，但它们实质上是一脉相承的关系，不能完全割裂开来。例如，某市检察院大数据平台中的“职务犯罪风险防控系统”，就体现了回溯型侦查模式和预测型侦查模式之间的关系。首先，该系统通过对海量历史犯罪数据进行类案分析，在此基础上制定相关犯罪的预警规则，如“银行交易超过35万元达到一级预警”“企业开票超过20万元达到三级预警”等规则，该系统职务犯罪预警规则的制定便体现了回溯型大数据侦查模式；之后，该系统将职务犯

[1] [日]城田真琴：《大数据的冲击》，周自恒译，128～132页，北京，人民邮电出版社，2013。

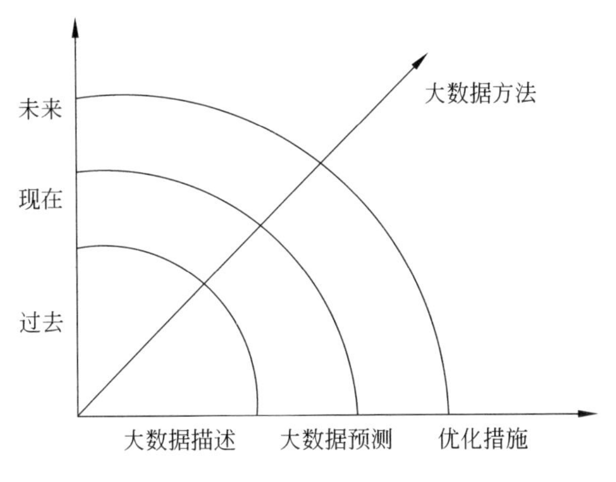

图 4-1　大数据运用的时间体系

罪预警规则放置于海量的实时数据中，但凡发现超过预警值的数据，系统便会自动报警，这些数据的背后便有可能隐藏着职务犯罪的风险，该系统的犯罪预警功能便体现了预测型大数据侦查模式。由此可见，回溯型侦查模式是预测型侦查模式的基础，对未来犯罪活动的预测必须建立在对过去犯罪规律、模式挖掘的基础上，再通过回溯型侦查模式中所获取的"数据模型"来预测未来犯罪活动的发生情况。

（二）回溯型侦查模式和预测型侦查模式的差异

尽管回溯型侦查模式和预测型侦查模式是一脉相承的关系，但是由于两者所处的时间维度不同，还是有很大差异的。①两种模式适用的情境不同。回溯型侦查模式针对的是已经发生的案件，无论是具体个案还是案件整体情况，所面对的都是已经实实在在发生过的行为。根据"万物皆可数据化"的原理，凡是已经发生的犯罪行为，必定会留有一定的数据痕迹。因而相对来说，回溯型侦查模式所获悉的案件信息较为丰富。然而预测型侦查模式主要针对的是尚未发生的案件，或者是正在发生但较为隐蔽的案件。未知的时空虚无缥缈，人们无法获知实实在在的信息，并且往往由于事先采取了预防措施阻止了案件的发生，永远无法证实是否会有预测的犯罪活动发生。总而言之，回溯型侦查模式的适用情境是实实在在的已经发生的犯罪行为，而预测型侦查模式的适用情境主要是虚拟的、未知的时空。②两种模式适用的效果不同。由于回溯型侦查模式所面对的是已经实实在在发生的犯罪行为，具有明确的、具体的适用情境，一般通过大数据侦查方法即能够获得客观、准确的情报、线索及证据。而预测型侦查模式一般是对将来犯罪活动的预测，由于未知时空的虚无缥缈，通过大数据方法也只能计算出犯罪发生的概率，无法得出精准的结果，甚至有判断错误的情形。因此，相较于预测型侦查模式而言，回溯型侦查模式中的分析结果要更客观、准确。[1] ③两种模式的适用目的不同。回溯型侦查模式所针对的是已经发生的案件，侦查人员运用大数据方法的主要目的是查明案件事实、抓获犯罪分子，或者是总结案件规律特征。而预测型侦查模式所针对的是未来尚未发生或者是正在发生的案件，目的是将犯罪活动阻止在萌芽中，防止犯罪活动的发生及扩大化，保护公民的生命、健康、财产等权利免受侵害。④侦查人员在两种模式中的主观能动性不同。回溯型侦查模式与传统的犯罪侦查一样，都是在案件发生后才采取侦查措施。尽管大数据能够为案件侦破提供更多的技术支撑，但是侦查人员仍然处于被动地位，侦查措施受犯罪分子的行为所牵制，只能在犯罪分子实施犯罪行为之后采取侦查措施。而预测型侦查模式中，侦查人员则有力地占据了主导地位，在犯罪活动尚未发生及扩大化之前就已经获悉并采取相关的措施，侦查行为先于犯罪行为。因而能够有效地震慑犯罪分子，阻止犯罪活动的发生。可见，在预测型侦查模式中侦查人员的主观能动性能够得到更充分的发挥。

三、回溯型侦查模式和预测型侦查模式的区分意义

区分回溯型侦查模式与预测型侦查模式，有利于侦查人员从目的的角

[1] 这里仅就整体情况而言，当然也不排除在回溯型侦查模式中大数据出错的可能。

度更全面地认识大数据侦查的外延，将侦查活动的时间轴向前延伸。由于人类认知能力的有限性以及犯罪时空的不可逆转性，一直以来侦查人员都是在犯罪行为发生之后才采取侦查措施。长此以往，侦查人员似乎也根深蒂固地认为，所谓的“侦查”只能在犯罪行为发生后进行，对于预测型侦查往往持忽视甚至是怀疑的态度。但是若从刑事诉讼的任务角度考虑，则会发现这一观点是片面的。刑事诉讼的任务既包括查明犯罪事实，也包括保护无辜公民的人身、财产等权利。传统的回溯型侦查中，侦查人员固然能够查明犯罪事实，捉拿犯罪分子归案，但是由于时间的滞后性，公民的人身、财产等权利已经遭受了损害，即便是对犯罪分子科以再严厉的刑罚，也无法弥补受害者所受的伤害。而在预测型侦查中，侦查人员则能够在时间上、行动上占据主动地位，先发制敌，在犯罪分子行动之前便采取相关措施阻止犯罪活动的发生。从源头上保障了公民的人身、财产等权利免受侵害，保障了社会秩序的稳定。因此，从侦查目的、刑事诉讼任务的角度出发，侦查人员要认识到预测型侦查活动的重要价值。

在认识到预测型大数据侦查模式的重要性之后，侦查人员在实务中还要学会灵活、合理运用预测型侦查模式。就目前的预测型大数据侦查模式的实务运用而言，可以是对某个地区犯罪活动的预测，可以是对某个人犯罪概率的预测，还可以是对某些隐蔽犯罪线索的识别。

(1) 对某个地区犯罪活动的预测。[1] 犯罪活动往往与地理位置有密切关系，犯罪行为在时空上的呈不均匀分布，大量的犯罪往往仅集中在小部分地区，呈现出“犯罪热点”的特征。例如有美国研究者发现，西雅图50%的犯罪都集中在城市 4.5%的街区，明尼苏达 50.4%的犯罪发生在3.3%的地区，波士顿 66%的犯罪发生在 8%的地区。利用犯罪活动在地理位置上所呈现的历史规律，可以对该地区未来的犯罪活动进行预测。在美国已经出现了很多智能化软件，能够对某个地区的犯罪活动进行预测，如著名的 PredPol 软件根据犯罪类型、犯罪时间和犯罪地点这三个维度的数

[1] 在后文“犯罪热点分析”章节中还会有详细介绍。

据，结合特定的算法就可以预测出某个地区的犯罪情况。[1] 圣克鲁兹警方利用预测型大数据侦查方法，统计、分析该地区过去5年的犯罪数据，将犯罪活动的预测精确至500英尺内，在城中共划分出15个这样的高危地区，在预测及预防犯罪活动上取得了显著的效果。[2]

(2) 对某个人犯罪概率的预测。这一模式实际上就是对高危犯罪人员进行预测，其原理与高危地区犯罪预测实质上是相同的，大部分的犯罪往往也是由小部分犯罪分子实施的。相比于普通人而言，这些高危分子在人身属性方面往往呈现出固定的模式，在户籍、年龄、作案手段、行动轨迹、历史犯罪数据等方面都表现出一定的特征。这些特征与高危人员的认定之间存在着直接或间接的联系，符合一定特征模式的人员很可能就是犯罪分子。根据此原理，目前我国已经有不少侦查部门开始研发高危分子的大数据预测系统。如某市公安局的“刑事专业研判平台”就具有高危人员预警的功能，其针对的人群主要是在该市辖区活动的、具有犯罪前科并具有流窜作案特征的人群，数据主要来源于前科犯罪人员数据库、旅馆住宿数据库、网吧上网数据库以及相关的社会行业数据库。不过目前该技术尚未完全成熟，据相关人员反映，该系统最大的难点就在于对犯罪高危人群特征的算法模型设计上，将哪些行为特征转化成算法参数以及如何对不同行为特征进行权重分配都是尚未解决的难题。

(3) 对某些犯罪线索的识别。犯罪线索的识别一般可以通过大数据的异常数据挖掘功能实现。在对数据规律进行挖掘的时候，经常会出现一些不同于一般模型或分布模式的“异常数据”(outliner)，不加注意的话这些异常点往往被作为数据噪音而被忽略或处理。然而，这些“数据噪音”并非就

---

[1] PredPol是美国著名的犯罪预测工具，实务中运用效果良好。从2013年1月到2014年1月，洛杉矶警察局称犯罪率下降了20%，阿罕布拉警察局称其盗窃犯罪下降了32%、机动车盗窃犯罪下降了20%，诺克斯警察局在使用PredPol工具4个月后，盗窃和抢劫犯罪就下降了15%～30%的幅度。与PredPol功能类似的工具还有孟菲斯警方使用的Blue CRUSH，纽约警方使用的COMPSTAT，以及IBM开发的一些软件等。

[2] See Ferguson, Andre Guthrie, “Predictive Policing and Reasonable Suspicion”, *Emory Law Journal*, 2(2012), pp. 259-326.

是数据垃圾、数据废气，它们有可能来源于某个特殊的机制，反而是事物发展状况的突变或外来入侵的讯号，正所谓“一个人的噪声可能是另一个人的信号”。[1] 犯罪行为往往呈现出与一般行为、现象不同的表现形式，恰恰可以通过大数据的异常数据挖掘功能来进行识别。目前，大数据的犯罪线索识别功能已经在很多领域开始发挥作用，典型的如在证券欺诈类犯罪中的应用，通过对用户行为、交易金额、交易时间、交易地点等异常值的识别来发现隐蔽的欺诈现象。根据证监会的统计报告，自2013年下半年开发启用大数据监测系统以来，截至2015年初，已经捕获内幕交易线索近400起，其中近40%的案件已经移交至司法程序。[2]

第三节　原生数据模式和衍生数据模式

一、原生数据模式和衍生数据模式的区分标准

在大数据侦查中，无论采取何种技术方法，都需要以数据为载体，都离不开对数据的分析。从数据的本身形态出发，可以将其分为原生数据和衍生数据，原生数据是系统第一次产生的数据，保持了数据的原始样态；衍生数据是对原生数据进行加工、分析后所产生的新的数据形态。[3] 在大数据侦查中，以所获取的数据形态为标准，可以分为原生数据模式和衍生数据模式两种类型。原生数据一般指犯罪过程中所留下的数据记录，如监控视频中记录的嫌疑人行踪、手机中记录的嫌疑人通话记录、银行卡中记录的赃款转移、社交软件记录的聊天内容、旅馆住宿登记数据，等等。这些原生数据往往都淹没在海量的日常数据中，侦查人员需要采取数据搜索、数据

---

〔1〕 朱明：《数据挖掘》，255页，合肥，中国科学技术大学出版社，2008。

〔2〕 证监会官网报告：《证监会通报对利用未公开信息交易的执法工作情况》，网址 http://www.csrc.gov.cn/pub/newsite/zjhxwfb/xwdd/201412/t20141226_265701.html；《证监会通报针对内幕交易的执法工作情况》，网址 http://www.csrc.gov.cn/pub/newsite/jcj/gzdt/201502/t20150226_269077.html，最后访问时间：2016年9月27日。

〔3〕 陈小江：《数据权利初探》，载《法制日报》，2015年7月11日。

碰撞、数据查询等方法去找到与案件相关的那一小部分原生数据。这一过程中,所获取的这部分数据仍然保持了其产生时的原始状态,大数据仅仅是一种技术、手段,并没有改变数据的原本形态,因此本文将这种侦查方式称之为“原生数据模式”。衍生数据是指对与案件、犯罪嫌疑人相关的原始数据进行二次挖掘、分析后所得出的数据,这类数据往往能够反映案件或嫌疑人的某些深层次特征。例如通过对案件中嫌疑人的通话数据进行分析,能够获取犯罪分子网络关系数据;对嫌疑人的手机基站数据进行分析,能够获取嫌疑人的行动轨迹。在这一过程中,大数据技术改变了数据的原始形态,获取的是建立在原本海量数据基础上的新的数据,本文将其称之为“衍生数据模式”。需要注意的是,在这两种模式中,侦查人员所采取的都是大数据技术方法,但是在所获取的数据形态上有差异。

二、原生数据模式和衍生数据模式的比较

(一)原生数据模式和衍生数据模式的差异

两者所适用的对象不同。原生数据模式一般在个案侦查中运用,侦查人员为了侦破案件,需要在数据空间去寻找与案件相关的线索、证据,这些数据产生于原本案件发生的时空中,侦查人员只需找到它们即可。衍生数据模式运用范围要广一些,既适用于个案的侦破,如获取有关嫌疑人行为特征的数据、社交关系数据、行动轨迹数据等;也广泛运用于对历史案件的整体分析,分析同类案件在地区、人群、行为方式等方面所呈现出的特征。

两者所采用的方法不同。原生数据模式的目的是在数据海洋中寻找到与案件有关的那一小部分数据,所遵循的是“找数据”的逻辑,所采取的方法一般有数据查询、数据搜索、数据碰撞这几种。虽然这些方式与传统电子取证具有相似之处,但大数据为电子取证源源不断地注入了新的技术,如美国民事诉讼中所运用的 predictive coding 技术,就是大数据智能分析技术在电子取证中的运用。衍生数据模式的目的不是“找数据”,而是对数据进行分析,挖掘数据背后的规律,所遵循的是“二次分析”逻辑。所采取的方法主要有数据挖掘、犯罪网络分析、数据画像等较为复杂的大数据

分析技术。

两者的运用方式不同。原生数据模式所获取的数据来源于原本的案件情境中，与案件或嫌疑人有着直接的联系，一般可以直接作为线索或是证据使用。衍生数据模式所获取的数据并非直接来源于原本的案件情境中，尽管衍生数据也与案件存在着一定的关联性，但并非是直接关联，而是一种若有若无的间接关联性，一般只用作线索或情报信息。

（二）原生数据模式和衍生数据模式的联系

原生数据模式和衍生数据模式的联系主要体现在数据形态上。原生数据和衍生数据之间本身是相辅相成关系。原生数据是衍生数据的基础和来源，没有原生数据，衍生数据就失去了加工原料，无异于无本之木、无源之水；衍生数据是原生数据价值的升华，没有衍生数据，原生数据的精髓和价值无法得到彰显。原生数据和衍生数据的关系充分诠释了“整体大于部分之和”的定律，从个别数据到整体数据带来的信息传递的质的改变。仅仅对原生数据进行解读，所获取的信息是有限的，但是将大量的原生数据整合起来进行分析、碰撞，则能够获取更深层次的信息，衍生数据恰恰能够体现大数据之精髓。[1]

三、原生数据模式和衍生数据模式的区分意义

区分原生数据模式和衍生数据模式，有利于侦查人员选择合适的大数据侦查方法，更全面地获取有关信息。在以往的侦查中，由于大数据技术尚未出现、普及，衍生数据模式对于大部分侦查人员还较为陌生。随着大数据技术的发展和成熟，侦查人员要注重对案件中衍生数据的利用。在一般的个案侦破中，侦查人员可以同时运用这两种侦查模式。通过数据搜索、数据碰撞、数据库查询等方法去获取原生数据，最大范围地查找与案件直接相关的数据，例如能够证明部分案件事实的聊天数据、电子邮件数据，能够证明嫌疑人在场或不在场的地理位置数据，等等。通过数据挖掘、犯

---

〔1〕 苗东生：《从科学转型演化看大数据》，载《首都师范大学学报》（社会科学版），2014(5)。

罪网络分析、数据画像等获取衍生数据，去发现有关嫌疑人行为特征、犯罪人员组织关系、资金流向等信息，从宏观、整体的角度对案情及嫌疑人本身进行把控。

例如在一起贪污贿赂案件中，检察人员接到举报消息称某区财政局副局长华某涉嫌受贿贪污贿赂达数千万元。在本案中，检察人员同时运用了原生数据和衍生数据两种大数据侦查模式。检察人员以华某的手机数据、话单数据、银行数据等为基础，通过大数据平台的智能挖掘和分析研判，获取了有关华某性格特征、人际交往关系、资金流转等方面的信息。这些信息都属于衍生数据范畴。其中，对华某性格特征的分析有利于侦查人员制定讯问策略，对其交往关系的分析有利于筛选出可疑的行贿人，对其资金流转的分析有利于找到赃款的去向。与此同时，检察人员还对华某的短信进行了具体分析，通过关键词检索筛选出一些可能与案件有关的敏感短信。例如，发现深圳供电局短信告知其用电度数和金额，华某曾向公安朋友咨询过办理香港移民的手续等敏感短信。这些信息都属于原生数据范畴。据此，检方判断，华某在深圳可能有房产，赃款可能转移至香港地区。在这起案件中，检方巧妙地运用原生数据和衍生数据两种模式，最终成功破获此案。

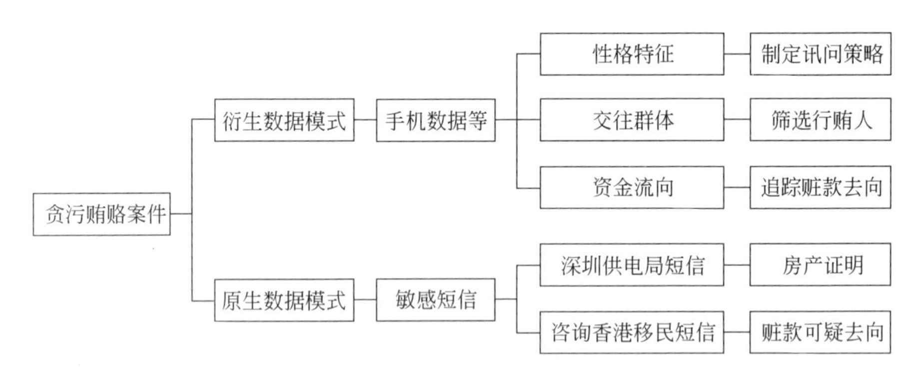

图 4-2　贪污贿赂案件中大数据侦查之衍生数据模式

第四节　“人—数—人”模式和“案—数—案”模式

一、“人一数一人”模式和“案一数一案”模式的区分标准

在大数据时代，一切皆可量化，“数据化”是大数据最重要的特征之一。现代的传感技术、识别技术已经使“万物数据化”成为可能，人类的书籍文字、行为踪迹、地理位置等都能以数据形式呈现，甚至连心跳、情绪、睡眠、呼吸都可以被数据化。夸张一点说，物理空间的一切都可以在虚拟空间找到对应的数据痕迹，数据世界甚至比现实世界更加精彩，能够带给人们很多现实世界反映不了的信息。大数据的“数据化”特征也为犯罪侦查提供了新的视角，侦查人员可以在数据空间寻找嫌疑人或案件所对应的数据痕迹，探索数据背后的规律。

从数据化的视角出发，可以将大数据侦查分为“人—数—人”模式和“案—数—案”模式。“人—数—人”模式是指对在数据空间找到与现实空间对应的数据化“嫌疑人”，前一个“人”是指存在于现实空间具体化、形象化的人；后一个“人”则是指存在于虚拟数据空间，并经过大数据分析后所呈现的抽象的“人”。“案—数—案”模式与之同理，是指在数据空间找到与现实空间相对应的数据化案件信息，前一个“案”是现实空间实实在在的案件，而后一个“案”则是经过抽象分析后的数据化案件。在两种模式中，大数据都扮演着连接现实空间和数据空间的桥梁作用。

二、“人一数一人”模式和“案一数一案”模式的比较

（一）“人一数一人”模式和“案一数一案”模式的联系

两种模式都遵循着从具体到抽象、从现象到规律的过程。在“人—数—人”和“案—数—案”两种模式中，前一个“人”和“案”都是指具体、形象的嫌疑人或案件，后一个“人”和“案”则是对于嫌疑人或案件抽象化的数据描述。无论是嫌疑人还是犯罪案件，在现实空间都是以具体、形象的方式存在的，所呈现出的信息零散而有限。而在数据空间，嫌疑人及犯罪案件

则是以数据的形式所呈现。“数据”能够为侦查人员整合、分析案件信息提供新的媒介，大数据方法能够获取更全面的有关人、案的信息并将其有序整合，找到数据背后的深层次规律，将嫌疑人和案件上升为更抽象化形态。

两种模式中，大数据同时扮演了媒介角色和技术角色。“人—数—人”模式和“案—数—案”模式可以分解为两个阶段，分别是“从人/案到数”阶段和“从数到人/案”阶段。在“从人/案到数”这一过程，首先就是要找到嫌疑人及案件在数据空间的相对应各种数据，这需要以大数据作为媒介基础。在这一过程中，大数据扮演的是连接现实空间和数据空间的媒介。在“从数到人/案”这一阶段，还需要进一步运用数据挖掘等大数据方法，找出纷繁复杂数据背后有关嫌疑人或案件的特征、规律等重要信息。在这一过程中，大数据扮演的则是找到数据背后规律的分析技术、方法。例如在一起案件侦查中，侦查人员想对嫌疑人 A 展开数据化分析，侦查人员首先需要找到有关于嫌疑人的初始化、未经分析的“大数据”，这些数据可以来自于侦查机关的数据库，也可以来自于嫌疑人的手机、电脑、通话记录等电子设备中。收集数据便完成了“人—数”这一步骤。在此基础上，侦查人员还需要运用数据挖掘等技术，对有关嫌疑人 A 的海量的、杂乱无章的数据进行分析、整理，找到数据背后的规律，如有关其人际关系的数据、行为轨迹数据、兴趣爱好数据、性格特征数据等，将嫌疑人 A 上升为抽象的数据形象。分析数据则完成了“数—人”这一步骤。

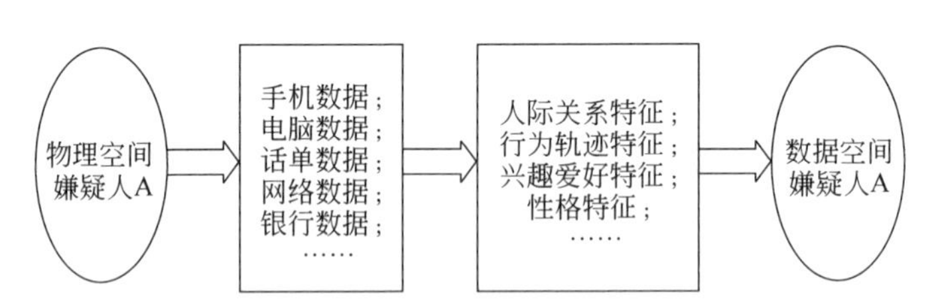

图 4-3　大数据侦查之“人—数—人”模式

（二）“人—数—人”模式和“案—数—案”模式的区别

两者适用的对象不同。“人—数—人”模式主要以犯罪嫌疑人为对象，而“案—数—案”模式则以案件整体为对象，对象不同直接决定了两种模式中数据来源及数据分析的维度不同。“人—数—人”模式是以人为对象，主要是对犯罪分子展开数据化分析，因而所选取的数据大都是带有个人特征的信息，如基本人口数据库、嫌疑人的话单数据、嫌疑人的手机数据等。对“人”的分析维度一般既包括基本身份信息，如家庭、性别、年龄、学历、籍贯等；也包括犯罪分子的行为特征、兴趣爱好、社交关系等深层次信息。“案—数—案”模式主要以案件为主体展开数据化分析，所选取的数据可以是有关于案件的所有信息。对“案”的分析维度包括案件类型、案发地点、案发时间、作案手段、受害人群等。不同案件中数据维度的选择往往也不同，具体取决于实务中需求。需要注意的是，在案的分析中，也会牵涉一些有关嫌疑人的数据，但并不影响以案件作为分析的主题。

两者适用的情境不同。“人—数—人”模式一般在个案情境中运用较多，在个案中通过对嫌疑人位置数据、通话数据、社交数据、消费数据等个人信息的收集，在此基础上进行数据分析，对嫌疑人实现多维度、立体化的数据画像。“案—数—案”模式一般在整体情境中运用较多，因为每个案件都是千差万别的，在具体的个案中很难体现出案件共有的特征和规律。唯有将个案置于同类案件中，通过大量同类案件的比较、甄别，方能找出案件的特征和规律。因此，“案—数—案”模式一般较多地在整体的同类案件中展开运用。

三、“人—数—人”模式和“案—数—案”模式的区分意义

从本质上来说，“人—数—人”模式和“案—数—案”模式的区分是从大数据的“数据化”特征出发，在现实物理空间之外开发出与之相平行的虚拟数据空间。这两种模式的区分意在提示侦查实务人员要注重对数据空间的开发和利用，将物理空间中难以呈现、理解的信息，通过数据的形式表达出来，从而为案件的侦破提供更多的情报、线索。

“人—数—人”模式和“案—数—案”模式的区分，还有助于侦查人员正确认识它们的功能。“人—数—人”模式有利于为个案侦查提供线索、情报，为侦查人员对嫌疑人的讯问策略提供依据。例如某市中小企业发展促

进局局长张某涉嫌贪污贿赂犯罪，侦查人员通过对其话单数据分析，发现其与民营企业家陈某、王某通话频繁；通过对其地理位置数据分析，发现其经常出入某高档商场；通过对其银行卡数据分析，发现其有数笔境外消费记录。至此，侦查人员已经在数据空间对嫌疑人有了清晰明确的画像，对有关嫌疑人行为特征、人际关系数据的获取，为案件侦破提供了重要的线索，为侦查人员拿下嫌疑人口供提供了关键突破口。

“案—数—案”模式能够为犯罪预测提供依据。上文提到预测型大数据侦查模式的核心就是设计出能够反映案件特征、规律的算法模型，而“案—数—案”模式正是对案件特征、规律的数据化表达过程。例如，上文所提到的泉州市丰泽区检察院“智慧检查大数据分析平台”中对职务犯罪预警规则制定，便是“案—数—案”模式的运用。除此之外，近些年来我国不时发生恐怖暴力犯罪事件，这些恐怖分子往往从新疆地区迁移到云南、广西，再进一步迁入内地。一般来说这些恐怖分子会使用网络，只要其上网就会留下地理位置数据。如果整合所有的恐怖犯罪案件，挖掘出一般恐怖犯罪中嫌疑人行踪轨迹的数据模式，在虚拟数据空间构建出此类犯罪的特征规律，并将之运用于对网络用户地理位置数据的实时监控，侦查人员则能够从实时的海量网络数据中识别出符合恐怖分子迁移特征的行动轨迹，从而发现恐怖犯罪活动的线索。这也是“案—数—案”模式在犯罪预测中的运用。

第五节 “案—数—人”模式和“人—数—案”模式

一、“案—数—人”模式和“人—数—案”模式的内涵

传统侦查中有“案—人”和“人—案”两种模式。前者是先有案后有人，从案件出发找到犯罪嫌疑人；后者是先有人后有案，对犯罪嫌疑人展开全方位调查，根据嫌疑人的情况来确定其犯罪事实。[1] 这两种模式诞生于前信息化时代，犯罪活动尚还局限于现实的物理空间，属于小数据时代的侦

〔1〕 彭波：《信息化视域下我国侦查模式的变革与完善》，载《山东警察学院学报》，2014(3)。

查模式。因而这两种侦查模式中都是以物理空间的案件要素,如时间、地点、物体、情节等为中介,来搭建起案和人之间桥梁关系。随着人类犯罪种类的多样化,犯罪技术的日新月异,尤其是随着网络犯罪的扩大趋势,传统的“从案到人”模式和“从人到案”模式显然已经不足以应对现代犯罪侦查的需求,显得日益捉襟见肘。因此,有学者提出了全新的针对网络犯罪的“事—机—人”及“人—机—事”侦查模式,将涉案的电子设备或账号作为中介,连接起案件事实和犯罪嫌疑人的关系。[1]

本书在上述思路基础上,进一步提出“案—数—人”和“人—数—案”的模式,分别对应传统的“从案到人”模式和“从人到案”模式。相比于传统的侦查模式而言,“案—数—人”和“人—数—案”模式的最大特点是将涉案或涉人的“数据”作为中介,连接起案件事实和犯罪嫌疑人之间的关系。

“案—数—人”模式以“案”为出发点,具体可以分为两个阶段:一是“从案到数”阶段。案发后侦查人员根据案件的具体情况去搜寻虚拟空间所对应的数据,在数据空间找到传统的“何时、何地、何故、何情”等要素相对应的数据痕迹。二是“从数到人”阶段。侦查人员从前一阶段所收集到的与案件有关的数据中,捕捉到与嫌疑人有关的信息,可以是身份数据、图像数据、行为数据等一切能够指向犯罪嫌疑人的数据,直到最终锁定嫌疑人身份。当然,这两个阶段也有着明显不同的特征。①“从案到数”阶段是从现实空间转向数据空间的过程,而“从数到人”阶段则是从数据空间转向现实空间的过程;②前一阶段的主要任务是“获取数据”,即找到与案件相关的所有数据痕迹;后一阶段的任务是“分析数据”,通过对前阶段所收集海量数据的分析,找到与嫌疑人相关的信息,并最终确定犯罪嫌疑人的身份。③前一阶段所涉及的侦查技术比较简单,侦查人员可以参照传统电子数据提取的方式,来获取与案件有关的“大数据”;后一阶段则需要运用到专业的大数据分析方法,如数据搜索、数据碰撞、数据挖掘等技术,从海量的数据中获取与犯罪嫌疑人相关的数据。

---

〔1〕 刘品新:《论网络时代侦查模式的转变》,载《山东警察学院学报》,2006(1)。

“人—数—案”模式强调以“人”立案，其同样可以分为两个阶段：一是“从人到数”阶段。这一阶段以嫌疑人为中心，向周围成立体化扩散模式，获取与人有关的大量相关数据，这些数据可以来源于侦查机关数据库，也可以是与嫌疑人有关的社会数据库或其电子载体中的数据。在虚拟空间中形成一个与现实空间相对应的“数据人”。二是“从数到案”阶段。这一阶段侦查人员根据已经获取的“数据人”信息，结合其他线索、信息来查找与案件有关的数据；或者是通过数据挖掘技术，将一些案件的算法模式与嫌疑人的相关数据进行匹配，从而识别案件线索。“人—数—案”模式的这两个阶段同样有着明显不同的特征，由于与“案—数—人”模式两个阶段的特征相似，在此不再赘述。

总而言之，“案—数—人” 和“人—数—案”模式的核心在于以“数据”为中介，连接起现实空间与数据空间两大场景，连接起“案”与“人”之间的关系。这两种模式提示侦查人员，在案发后可以在数据空间这一新的领域寻找破案信息。

二、“案—数—人”模式的运用

“案—数—人”模式在传统犯罪与网络犯罪中皆可适用。随着数据化的普及，即便是传统的犯罪也必定会在数据空间留下痕迹。例如，在传统犯罪中，犯罪分子不可避免地会打电话、使用手机、上网、乘坐交通工具，但凡其使用这些带有信息化特征的工具，犯罪行为就会被“数据化”。无处不在的监控摄像头更是让嫌疑人无处可逃。大数据时代就像是一个“大监控”社会，所谓“数”网恢恢，疏而不漏。因此，侦查人员要打开思路，尤其是在案件侦查遇到瓶颈时，要善于从数据空间中寻找线索。

以 2013 年的美国波士顿爆炸案件为例，警方对这一起传统的物理空间案件就采取了典型的“案—数—人”大数据侦查模式。2013 年 4 月 15 日下午，美国波士顿的一场马拉松比赛中突发爆炸案，死伤惨重，嫌疑人趁混乱迅速逃离现场，警方的任务就是尽快找到犯罪嫌疑人并将其抓获。案发后警方几乎调取了与案发现场有关的所有“大数据”，收集了近 10TB 的数据量，包括案发现场周围所有的监控录像，附近12个街区居民所拍摄的有关照片、视频，社交网站上的相关图片、文字及视频信息。通过大数据技术对这些海量数据的分析，警方在三天后便确定了嫌疑人为焦哈尔·萨纳耶夫，并在次日将其抓获。[1] 从侦查方式来看，本案明显可以划分为“从案到数”和“从数到人”两个阶段。在前一阶段，警方以案发地点、时间为坐标，来全面收集与案件有关的数据。这一阶段主要以案件为出发点，以“找数据”为主要工作。在后一阶段，警方对收集到的海量数据展开挖掘分析，从中找出能够指向嫌疑人的有关数据，并最终锁定嫌疑人的身份，这一阶段主要以“人”为出发点，以“分析数据”为主要工作。

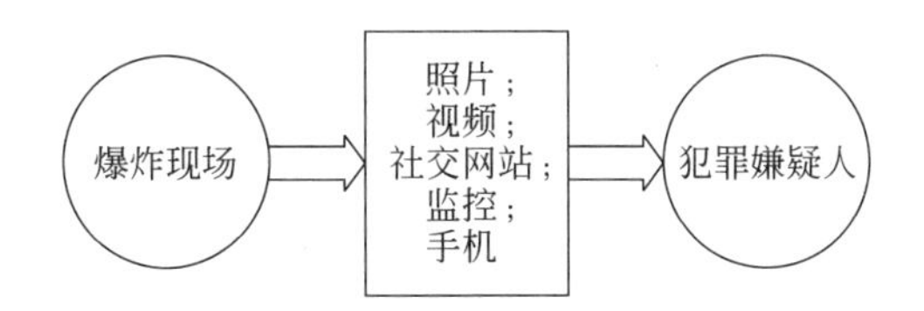

图4-4　大数据侦查之“案—数—人”模式

在网络犯罪中，更是常见“案—数—人”的大数据侦查模式，如2005年我国某市警方办理的一起网络色情案件便是运用这一模式的典型。案中的色情网站名为“情色六月天”，该色情网站规模庞大，注册会员达二十多万，涉案管理人员等级森严，形成严密的犯罪组织。为了逃避侦查，该网站的服务器设在美国，域名也时常变换。如何从虚拟的网站中找到犯罪分子，成为该案侦破的最大难点。警方为了获取更多的信息，以注册会员方式打入网站内部，收集了汇款中对方的银行账号以及该账户的资金往来信息，收集了网站各版主的、论坛管理人的网名、QQ等信息，收集了该网站活跃人员的联系方式等大量数据。通过QQ号、网名、银行账号及资金流向的分析，警方最终锁定该网站的主要涉案人分布在福建省南平市，并顺利

[1] See *Data for Boston investigation will be crowd sourced*，载CNN网 http://edition.cnn.com/2013/04/17/tech/boston-marathon-investigation/，最后访问时间：2016年9月29日。

将其抓获。[1] 该案的侦查过程同样可以分为“从案到数”和“从数到人”两个阶段。在前一阶段,警方从该色情网站内部获取了大量有关犯罪嫌疑人的数据,如 QQ 号、网名、银行账号等信息,尽管这些“网络身份数据”还不能直接查获犯罪嫌疑人的真实身份信息,但是为锁定犯罪嫌疑人提供了重要基础。在后一阶段,警方对这些网络身份数据展开进一步分析,将其对应至现实的物理空间,并以之为线索最终锁定主要嫌疑人的真实身份及其落脚点。

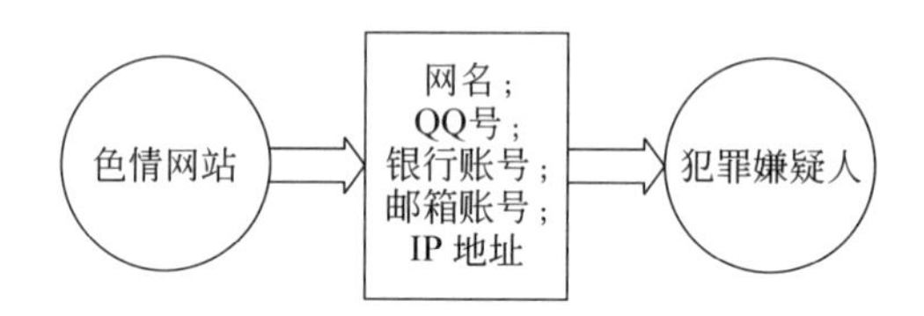

图 4-5　大数据侦查之“案—数—人”模式

三、“人—数—案”模式的运用

“人—数—案”模式是对传统“由人到案”侦查模式的升级版,在职务犯罪侦查中将会有着广泛的运用前景。在传统的职务犯罪侦查中,由于此类案件没有明显的案发现场,犯罪行为非常隐蔽,如受贿行为一般只有行贿人和受贿人知道,加之犯罪分子的反侦查手段较高,因此实务中存在着大量职务犯罪黑数。即便检察机关有了线索立案之后,一般也是以口供类证据为主,一旦没有其他证据相印证,则无法认定案件事实。“人—数—案”的大数据侦查模式有望改变传统职务犯罪侦查所面临的难题。在初步掌握嫌疑人身份信息后,侦查人员可以对“嫌疑人”进行数据画像,以“人”为坐标来全面获取有关其身份、资产、行为轨迹等信息,很多线索也会随之以数据形式所浮现。

如我国某市检察机关就将“人—数—案”的大数据侦查模式运用至对贪污贿赂案件的侦查中。①从“人—数”阶段。在接到举报线索后的初查阶段,侦查人员会调取与嫌疑人相关的基础信息数据、手机数据、话单数据、银行卡数据、资产数据、出入境数据等,并以时间轴为序将这些所有数

[1] 秦玉海等:《网络犯罪侦查》,355～356 页,北京,清华大学出版社,2014。

据整合排列以及智能分析研判，进一步获取有关嫌疑人的家庭、资产、房产、人际关系、行为习惯、兴趣爱好等信息，在虚拟空间形成“数据人”形象。②从“数—案”阶段。侦查人员对虚拟的“数据人”展开进一步分析，从中判断、析取与案件有关的信息，对案件的范围、涉案人员等基本情况进行初步判断。另外，还要注意一些个别的异常数据，例如在大额消费、转账前后，要留意嫌疑人的通话、短信记录，嫌疑人与银行卡消费异地分离的现象也要引起重视，这些异常数据可能也会涉及贪污贿赂的案件事实。

第六节　本章结论

本章对大数据侦查的运用模式进行了归纳。将大数据侦查实务中已经成熟一些的运用方式进行提炼和升华，归纳共有的特征和样式，并基于不同的标准对其进行不同的模式构建。

本文提出了个案分析模式和整体分析模式，回溯型侦查模式和预测型侦查模式，原生数据模式和衍生数据模式，“人—数—人”模式和“案—数—案”模式，以及“案—数—人”和“人—数—案”这五类典型的大数据侦查模式。①基于分析对象的不同，可以将大数据侦查分为个案分析模式和整体分析模式。个案分析模式从微观视角着眼于个案的侦破，整体分析模式则从宏观的视角对海量案件进行整体分析。②基于时间序列的不同，可以将大数据侦查分为回溯型侦查模式和预测型侦查模式。回溯型侦查模式是面向过去的犯罪活动，而预测型侦查模式则是面向未来的、尚未发生或正在发生的犯罪活动。③基于数据形态的不同，可以将大数据侦查分为原生数据模式和衍生数据模式。原生数据模式的任务是“找数据”，通过大数据方法找到与案件相关的数据，这种方式不会改变数据的原本形态；衍生数据模式的任务是“分析数据”，通过大数据方法对相关数据进行分析、挖掘，获取的是新的数据形态。④基于大数据之“数据化”特征，可以将大数据侦查分为“人—数—人”模式和“案—数—案”模式。将大数据侦查理解为从现实空间具体的人、案到数据空间抽象的人、案的这一过程，在虚拟数据空间寻找相关信息。⑤“案—数—人”模式和“人—数—案”模式是在传统的“从案到人”和“从人到案”模式的基础上发展而来，强调以数据作为物理空间和虚拟空间的桥梁，连接起案件和嫌疑人之间的关系。

大数据侦查尚属于新兴事物，对大数据侦查模式的归纳，有利于侦查人员从宏观、抽象的角度加强对大数据侦查的认识，有利于侦查人员在实务中选择合适的侦查模式、制定侦查策略。当然，本书对大数据侦查模式的归纳也是基于笔者本身的研究旨趣和视角，不排除从其他角度归纳出其他的大数据侦查模式。另外，随着大数据技术的进步和大数据侦查实务的发展，在未来也必将不断产生新的大数据侦查模式。

第五章　大数据侦查的方法

本章主要从实务运用和技术角度出发，介绍目前大数据侦查一些常用的典型方法，包括数据搜索、数据碰撞、数据挖掘、数据画像、犯罪网络分析以及大数据公司调取数据，旨在为实务中侦查机关开展大数据侦查方法打开思路。这些方法在技术特征上各不相同，侦查机关可以根据案件情况及已有的侦查资源选择合适方法。

第一节　数据搜索

在大数据侦查的实务运用中，数据搜索是比较简单的方法。按照数据来源的不同，数据搜索可以分为数据库数据搜索、互联网数据搜索和电子数据搜索三类。数据库搜索主要依托于侦查机关已有的各种信息数据库，以及可供利用的各种社会行业数据库；互联网搜索则与我们一般所接触的网络搜索没有差异，将开放的海量互联网数据作为侦查资源；此外，在电子取证过程中，侦查人员对于所获取的初始海量数据，也需要运用搜索技术筛选出有用信息。不过这几种搜索方法的侧重点也不尽相同：数据库搜索是在封闭的环境中进行库内搜索，互联网搜索则是在开放的网络环境中对所有网站信息的抓取，而电子数据搜索则是对已获取的电子数据进一步甄别和筛选。

一、数据库搜索

数据搜索是数据库技术的重要组成部分，数据的信息价值需要通过搜索技术体现出来。无论是侦查机关自有数据库还是社会数据库，在建库时都会根据数据库本身的内容建立相应的查询功能以及站内搜索功能。

目前，大数据侦查中常用的数据库主要有以下几种：①公安机关自有数据库。就侦查机关自有数据库而言，目前公安机关的数据库较为强大，如全国基本人口信息数据库、全国在逃人员数据库、全国失踪人口数据库等，这些数据库都带有多维度查询及站内搜索功能。如公安部部级人口管理系统提供姓名的查询、身份证号精确查询、出生日期查询等功能，如全国违法犯罪人员数据库提供姓名、户籍地、案别、同案犯等查询功能，全国被抢盗机动车数据库提供车牌号、车架号、发动机号、立案单位等查询功能。[1] ②检察机关自有数据库。检察机关的自有数据库相对有限，但近年来，不少检察机关采取“借库”的方式，获取工商、税务、招投标、银行等部门的可观数据，用于职务犯罪侦查。③社会行业数据库。除了侦查机关自有数据库外，很多社会行业的公开数据库也成为大数据侦查的重要数据来源。这些社会行业数据库涉及企业数据、身份信息、车辆数据、物品数据、物流信息、发票数据、金融数据等各个领域。[2] ④政府数据统一开放平台。近年来，一些省市还建立了政府数据统一开放平台，如北京市政务数据资源网、浙江政务服务网、无锡市政府数据服务网等，它们将政府公开数据汇集到统一平台，也是大数据侦查的重要数据来源。⑤专业的“数据超市”。随着大数据的发展，网络上出现了一些专门性的、综合性的数据平台。它们将各个领域分散的数据进行汇总、整合，并提供相应的数据分析、挖掘功能。例如“聚合数据”平台能够提供30大类、100多种以上的数据库API服务；“启信宝”则将与企业有关的数据进行汇总，并提供关联企业分析、关联族谱分析等功能。这些网络上的专业“数据超市”具有强大的数据资源及数据分析功能，已成为大数据侦查中必不可少的工具。

数据库搜索需要注意以下一些技巧：在查询搜索时，根据待查询数据来确定数据库范围，最好选择具有唯一识别性的条件进行精准查找，如身

[1] 陈刚：《信息化侦查教程》，280～283页，北京，中国人民公安大学出版社，2014。

[2] 例如“全国企业信用信息公示系统”(http://gsxt.saic.gov.cn/)可以查询全国各地企业的信息情况，“中国互联网络信息中心”(http://www.cnnic.net.cn/? COLLCC=3462143412&)可以查询网站、服务器、注册域名等信息，例如“飞常准”(http://www.veryzhun.com/)可以查询并实时跟踪航班信息。仅笔者统计到的社会行业开放数据库就有1 300多个。

份证号、姓名、机动车号等；在已知信息有限时，也可以选择一些模糊性语言或者关键词进行搜索，但是这样的搜索结果可能并不完整、准确，需要进一步筛选以及补充搜索，例如以“张伟”这一姓名为关键词进行搜索，可能会出现几百条相关信息，那么就需要侦查人员根据性别、年龄、地域、案件等情况来进行筛选。

除了单个数据库的查询搜索之外，近年来侦查部门也在逐渐打通各数据库之间的壁垒，促进大数据的共享，开发数据的综合查询功能、一键式搜索功能。具体而言，就是将多个数据库整合，统一应用界面，一般只需输入一次关键词就能够将多个数据库中所有相关的信息都显示出来，达到“一次搜索、多库查询”的效果。例如“全国公安综合查询系统”，就实现了对全国违法犯罪人员信息、全国在逃人员信息、全国被抢盗汽车信息、全国入境人员信息等数据库的关联查询。[1] 目前，不少地区侦查机关也根据实务工作的需求，将多个关联数据库并联，搭建本地的数据综合应用平台，实现一站式查询功能。例如江苏扬州某区公安机关将常住人口、高危人员、暂住人口、单位场所等数据进行对接，建立统一查询、应用平台，实现了对人口和场所的综合管理。

除了人工手动查询搜索外，近年来数据库的自动查询搜索技术也有了很大发展。很多系统能够将目标数据与关联数据库进行实时关联比对查询，符合条件的会自动发出警报。如公安的卡口系统能够对过卡车辆信息进行自动采集，包括车牌号、车型等基本特征，并将车辆相关数据实时与后台的关联数据库（如被盗抢机动车数据库、交通肇事逃逸车辆数据库等）进行比对，经比对车辆若涉嫌违法，系统则会自动发出预警信息，现场执法人员会对车辆进行拦截调查。再如现在一线民警中广泛使用的“移动警务通”，民警将日常巡逻调查中采集的数据如身份证号、车牌号等实时输入随身携带的警务通，便能够与后台的公民身份信息数据库、在逃人员数据库等多种数据库进行实时查询比对，对于人员、车辆等是否有涉案嫌疑一目

---

〔1〕 陈刚：《信息化侦查教程》，280页，北京，中国人民公安大学出版社，2014。

了然。另外，数据库之间还可以进行整体比对，侦查机关可以根据各数据库之间的联系，建立数据库实时更新和自动比对的功能，例如某省公安厅建立了刑事犯罪多库联侦系统，将现场勘验、接警数据与指纹、DNA、足迹数据接入公安大平台，进行智能比对、发布结果，以迅速锁定涉案人员；再如某市公安机关建立了“六类人员比对四库系统”，民警建立并实时更新本地区旅馆住宿人员、暂住人员、网吧上网人员、现场盘查人员、本地驾驶人和公共娱乐场所从业人员六大数据库，并将这六大数据库与全国在逃人员数据库、违法犯罪人员数据库、吸毒贩毒人员数据库、本市查缉人员数据库进行实时比对报警，以实现对地区流动人口的安防管理。

二、互联网搜索

除了专业数据库的搜索外，包容万象的互联网数据也是大数据侦查的重要资源。相比于专业的数据库而言，互联网信息尽管杂乱无章，但往往能够查找到一些关键的信息，互联网的开放性也令其使用起来更加方便快捷。

互联网数据以文本、图像、视频、音频等非结构化的形式分布在各个网页，逐条浏览信息是不可能的，需要用到搜索引擎技术(search engine)。根据用户的查询需求，搜索引擎能够自动从海量互联网信息中找到相关网页信息，并根据网页内容的相关度进行排序，再反馈给用户。[1] 在大数据侦查中，常见的做法是将与案件或嫌疑人相关的关键词输入互联网进行搜索，并根据互联网反馈信息进行多次搜索分析。输入的检索信息越多，搜索结果的范围就越精准。通过基本的互联网搜索，一般可以了解某个人的工作、生活等基本信息，如果能够顺藤摸瓜找到调查对象的手机号、邮箱号、网络账号等较为私密的信息则更好，这对于案件初期了解犯罪嫌疑人的相关信息是一种很好的办法。例如在职务犯罪侦查初查阶段，如果侦查机关自有数据库不足，为了避免打草惊蛇，就可以在互联网上对调查对象

〔1〕 袁津生等：《搜索引擎的原理与实践》，1～8页，北京，北京邮电大学出版社，2008。

的基本情况进行摸底。不过需要注意的是,互联网上信息虽多但是鱼龙混杂,不少信息都是不实的或者过时的,因此还需根据具体案件情况对网络信息的真实性进行分析判断。

网络数据的海量性令目标数据的搜索工作无异于大海捞针,如何准确、全面地从海量数据中找到相关信息,尚需要掌握一些基本的搜索技巧。①搜索引擎的选择。除了常见的百度、谷歌等搜索引擎外,还要注意一些开放的社会数据库中蕴藏着大量有价值信息,特别是上文所提到的互联网上一些专门的"数据超市",例如航班数据信息查询、企业数据查询、专利数据查询等,这些网站中一般都设有站内搜索功能,同样可以进行数据搜索。②搜索功能的选择。在使用搜索引擎过程中,要注意利用搜索网站的各种功能,一般各搜索网站都设置有"高级搜索"功能,侦查人员可以根据查找对象的具体需要,利用高级搜索功能限定相关条件,以减少冗长、无用数据,精简数据范围。③关键词的设置。关键词搜索是网络搜索引擎的最主要方式,侦查人员可以选择与案情、嫌疑人、被害人等有关的信息语词输入网络进行多次检索。在关键词的选择上,要与待查信息具有相关性,并保证关键词本身具有一定的可识别特征,不能过于泛化。此外,还可以借助双引号("")以保证词语的完整性。④历史网页搜索。历史网页是指某个网页在过去某个时间曾经的状态,在日后数据丢失或是网页不存在时,历史网页可以起到证据保全的作用。现在网络上有很多网站具有查询历史网页的功能,例如"百度快照"可以对其收录的每个网页进行备份。[1]

当互联网搜索无法获取足够侦查信息时,侦查人员还可以利用网络平台主动征集案件有关信息,这是一种"主动搜索"的方式。如很多公安机关利用微博公众号发布通缉令或者征集与案件有关的线索,从广义上来说也是一种网络搜索的方法。例如 2011 年 12 月 1 日湖北武汉的爆炸案发生后,警方通过微博向公众征集线索并实时公布案情进展,网友们纷纷通过微博平台向警方反馈相关线索,通过这一"主动搜索"的方式,警方迅速获

[1] 我们一般在百度检索网页时,每条检索信息会在末尾附带一个"百度快照"的标签,点开之后能够看到该网页在过去某个时间段的状态。

悉了大量有关犯罪嫌疑人和犯罪现场的线索情报，并根据网友提供的线索在某医院将嫌疑人缉拿归案。[1]

三、电子数据搜索

电子取证中也需要运用到数据搜索技术。电子取证是指对于电子设备、网络环境中的电子数据采取恢复、提取等手段，以获取与案件有关的数据信息。[2] 电子取证的一个重要环节就是从已经获取的海量电子数据中查找、提取与案件有关的数据。侦查人员一般需要结合案情并利用关键词检索技术来查找所需数据，常见的有根据嫌疑人、相关人姓名进行关键词检索，根据涉案地点、案件具体情况等进行关键词检索。

笔者以某市检察机关办理的一起分布式拒绝服务案件为例来对电子数据搜索进行介绍(Distributed Denial of Service，DDoS)。[3] 根据案件需要，侦查人员的目标就是从涉案计算机中找出与犯罪行为相关的电子数据，包括服务器租用的相关记录、远程桌面连接的相关记录、与被害服务器相关的信息等。在对嫌疑人电脑数据进行初步提取后，侦查人员以租用服务器的 IP 代码“103.40.100.××”为关键词进行检索，查找到租用服务器过期续费信息(实际中命中关键词的语句会以黄色高亮显示)。

以被害服务器 IP 代码“IP 地址 111.206.115.××”为关键词，查找到与被害服务器进行数据交换的记录。

以上这起 DDoS 攻击案件便是电子取证中数据搜索的典型运用。但是在具体的案件中由于案件情况的复杂性、多变性，这种自然语言的关键词检索技术在运用中会遇到一定的障碍：首先，在海量的数据中仅通过各种关键词进行检索难免有漏网之鱼，有些不包含关键词的相关数据很可能就被忽略掉了；其次，自然语言具有模糊性和不确定性，同一事物往往有很多

---

[1] 《武汉 12.1 爆炸案告破 新浪微博网友及时发布消息》，载新浪网 http://hb.sina.com.cn/news/m/2011-12-16/27337.html，2016 年 9 月 25 日访问。

[2] 刘品新：《职务犯罪侦查信息化与电子取证》，载《国家检察官学院学报》，2013(6)。

[3] 本案中的犯罪分子对一家交易网站的服务器发起了 DDoS 攻击，并向被害网站敲诈勒索 100 万元，最终造成该交易网站瘫痪并倒闭。

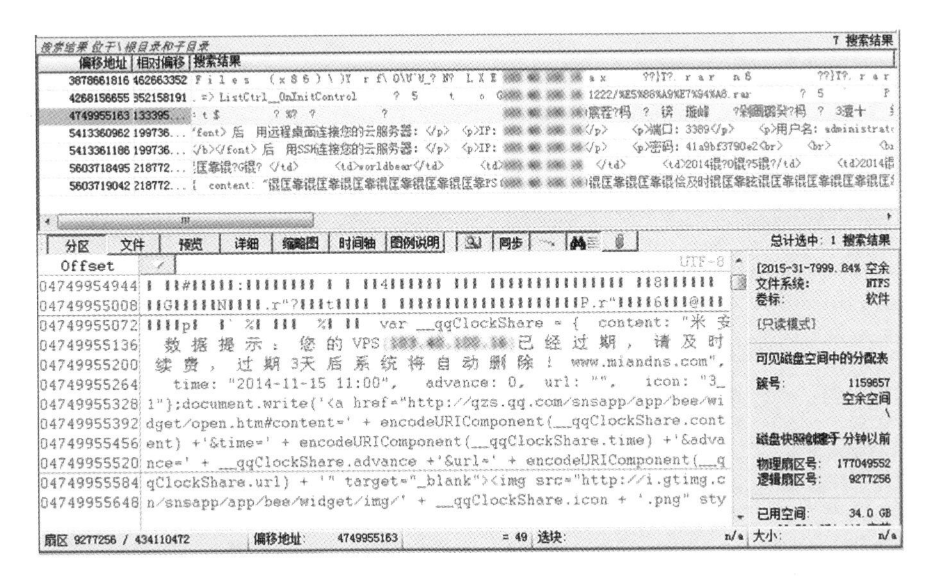

图 5-1　电子数据搜索

种意思相近的表达方式,例如,对于“电子数据”一词,还有“电子证据”“数据电文”等多种称呼,不同人的用语习惯也不一致,这就导致数据搜索中难以考虑周全;最后,在有些案件中嫌疑人的反侦查意识很强,可能会选择特定代号语言进行交流,或者以其他合法形式掩盖非法目的,这都给数据搜索造成一定困难。因此,电子数据检索功能的革新是未来电子取证的重要发展方向之一,笔者认为可以将大数据智能检索技术吸收至传统的电子数据搜索中。在这一问题上,美国在民事领域已经率先做出了尝试。在美国以往的民事电子证据开示中(E-discovery),面对海量电子数据,当事人及代理律师不得不花费大量的时间和费用在数据检索上。因而大数据智能检索技术(predictive coding,technology assisted review,computer-assisted review 等称法)应运而生。它的原理如下:律师们首先对一些样本性数据做出关联性分析的训练,这些训练的指示一般来源于可以使用的资源、诉讼双方的需求及案件情况等因素;然后系统根据训练样本去自动分析其他

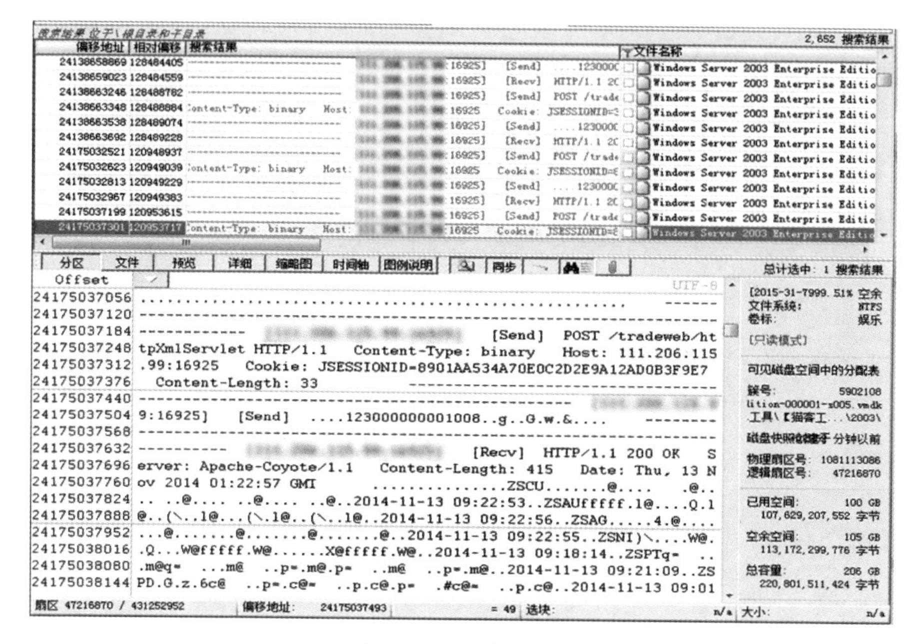

图 5-2　电子数据搜索

数据，直到律师们对电脑的评阅结果满意为止。[1] 这种利用大数据关联分析的检索方法不仅大大解放了劳动力，而且能弥补传统检索方法的缺陷和不足。

第二节　数据碰撞

一、数据碰撞的原理

2014 年 12 月，铁道部“12306 网站”大量的个人信息遭到了泄露，信息内容包括邮箱账号、密码、姓名、身份证、手机号等，据统计泄露的用户数据

[1] See Tingen, Jacob, “Technologies That Must Not Be Named: Understanding and Implementing Advanced Search Technologies in E-Discovery”, *Richmond Journal of Law & Technology*, 1(2012), pp. 1-49.

不少于 131 653 条。据调查，本次信息泄露事件乃黑客所为，他们采用了“撞库”攻击方法。[1] 黑客们事先通过攻击其他网站等非法途径，获取大量的用户账户和密码数据，建立账户密码数据库，然后通过此数据库与目标网站进行撞击，因为很多用户习惯于在不同网站使用同一账号和密码，如此一来就会在黑客的撞库中匹配成功，从而造成个人信息泄露。尽管“撞库”频频被黑客作为违法犯罪的重要手段，但是其技术本身是中立的，“撞库”在侦查中同样也可以发挥价值。即本文所要介绍的数据碰撞技术。具体而言，就是通过专门的计算机软件对两个或两个以上的数据库/数据集进行碰撞比对，并对由此产生的重合数据、交叉数据进行深度分析。

大数据侦查中，数据碰撞一般遵循以下步骤。第一步，确定查找对象。数据碰撞是为了解决案件侦破中的某个问题或查找线索，如嫌疑人的行为轨迹、身份信息、同行人员的查找、涉案物品的确定等。第二步，根据查找对象确定并筛选相关数据集。一个案件中涉及的数据集很多，但并非每个数据集都有必要作为碰撞的对象，而是根据分析主题的需要确定一定时空范围的相关数据集。例如根据已知的行为人运动轨迹，就可以沿途重要地点为坐标调取手机基站数据。第三步，对选取的数据集之间进行碰撞比对。一般需要两个或两个以上的数据集，进行两两碰撞或多个数据集同时碰撞，匹配出的交叉数据便是可疑目标数据，本文也称之为“节点数据”，它们往往能够说明数据之间的关联性或者同一性。第四步，根据具体案情进一步对节点数据进行分析研判，获取更多的线索、确立下一步侦查方向。

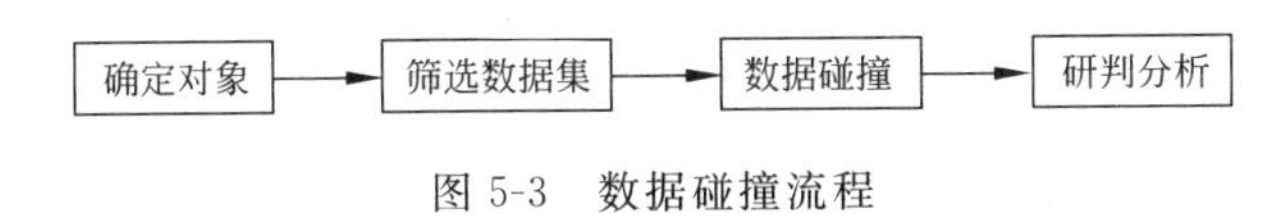

图 5-3　数据碰撞流程

在数据碰撞过程中，需要注意以下一些要点及技巧：①数据碰撞以全面的“数据化”为基础，嫌疑人的行为、轨迹、身份信息等数据被记录、存储

[1] 《12306 用户数据泄露超 10 万条 或由撞库攻击所得》，载腾讯网 http://tech.qq.com/a/20141225/052603.htm，最后访问时间：2016 年 9 月 27 日。

下来是数据碰撞的前提。这既依托侦查机关本身的信息化建设,也依赖于全社会的大数据、物联网的发展进程。②用以碰撞的数据集与数据集之间必须是同类数据,例如两个同是车牌号的数据集可以进行碰撞,但是车牌号数据集与姓名数据集之间就无法进行碰撞。③用以碰撞的数据往往是带有识别性的数据符号,这也称之为“标识数据”,如身份证号、姓名、手机号、账号、车牌号、手机串号等数字,这些数据具有唯一性特征,能够直接指向对应的人或物。一般以标识数据为媒介来进行碰撞,更容易快速、精确获取目标信息。例如在逃人员数据与全国基本人口信息数据库碰撞可以身份证号为标识数据,基站数据库之间的碰撞可以手机号为标识数据。④数据碰撞中,在所知案件信息有限的情况下,需要以“时空数据”作为限制条件。时空数据是描述事件、行为的时间、地理信息的数据,一般用作筛选数据集的依据,以提高数据碰撞的准确性。碰撞中所运用的时空数据越多,碰撞的结果就越精准。例如事先知道嫌疑人的轨迹,想找到其伴随车辆的车牌号等信息,这时便可以调取嫌疑人行动轨迹上的各卡口车辆数据进行碰撞,如果不进行时空限制,调取每个卡口的车牌数据库进行碰撞,很可能会出现大量的重合数据,但如果结合嫌疑人在每个卡口的时空数据,选取每个卡口对应时间段的车辆数据进行碰撞,满足条件的车牌号就会大大精减。

二、数据碰撞的示例

下面以一起简单的案例来说明数据碰撞在侦查中是如何运用的:2009年某地出现多起电话诈骗案件,犯罪分子冒充公安机关谎称受害者卷入洗钱和毒品案件,并诱骗受害者将银行资金转入一个指定的陌生账户。之后犯罪分子迅速取款,完成诈骗活动。侦查人员通过收款账户的取款信息,逐一调取取款监控视频,发现取款人为同一名青年男子,并且其在取款时均有拨打手机的行为。侦查人员以此为出发点,调取了每次取款地点附近的通信基站数据,并根据监控视频的时间来确定该男子每次拨打手机的起止时间。通过对数个基站数据的碰撞,侦查人员最终锁定该男子的手机号码为 1596037×××3。[1] 我们以此案为例来分析警方是如何运用数据碰撞方法来锁定目标嫌疑人身份的。

(1) 确定对象：根据监控视频中嫌疑人拨打手机的信息，确定查找的目标是嫌疑人的手机号；

(2) 筛选数据集：根据取款地点筛选附近的基站数据，但每个基站数据库的数据都是海量的，这时就需要根据嫌疑人打电话的起止时间来确定基站数据的时间范围，即上文所说的“时空数据”；

(3) 数据碰撞：在确定数据集之后，选取手机号作为“标识数据”来进行数据库碰撞；

(4) 分析研判：在碰撞得出的交叉数据中进一步分析，锁定嫌疑人的手机号为 1596037×××3，并反查出嫌疑人身份信息。

表 5-1 数据碰撞案例

时 间 数 据	空 间 数 据	标识数据	数 据 集
11 月 5 日 13:00～13:15	厦门市集美区 A 地	手机号	基站 A 数据库
11 月 25 日 20:15～20:19	厦门市同安区 B 地	手机号	基站 B 数据库
12 月 1 日 22:40～22: 43	厦门市翔安区 C 地	手机号	基站 C 数据库
……	……	……	……

上述便是一起典型的数据碰撞侦查实例。此案中，侦查人员以基站数据作为碰撞数据集，选取手机号作为标识数据进行碰撞，并利用时空数据进一步缩小碰撞范围，最终成功锁定嫌疑人的手机号，进而确定其身份。大数据侦查实务中，常见的作为碰撞载体数据库包括侦查机关数据库和社会各行业数据库，如犯罪前科人员数据库、基站数据库、网吧上网人员数据库、卡口数据库、被抢盗物品数据库等。常见的数据碰撞类型有话单数据碰撞、轨迹数据碰撞、交易数据碰撞等。本文介绍以下几种常见的数据碰撞类型。

[1] 李双其，曹文安，黄云峰：《法治视野下的信息化侦查》，163 页，北京，中国检察出版社，2011。本文对案件的具体信息，如地点、时间进行了一些修改。

(1) 话单数据碰撞。话单数据一般包括联系人数据、通话数据、短信数据、基站数据等,为数据碰撞提供了丰富的数据集。在同一案件中,如果有多位涉案嫌疑人或相关人,可以对他们的话单数据进行多维度的碰撞从而找出更多线索:①可以共同联系人为目标,对各嫌疑人通话记录中的联系人进行碰撞,共有高频联系人很可能也在案件中扮演重要角色。②可以同一时空为目标,对同案中不同嫌疑人的基站位置数据进行碰撞,同一时间位于同一地点的,说明他们之间有过碰面;③可以同行人员为目标进行碰撞。对于有同伙结伴作案的而又只知道其中一人手机号的,根据其通话记录中的各基站位置,反调出各基站中的其他手机号并结合时空条件进行碰撞,各基站均出现的手机号则很可能就是同行人员。④对于团伙犯罪中能够确定各嫌疑人身份和手机号的,可以调取他们同一时段手机基站信息进行轨迹碰撞,通过轨迹分布规律来判断他们之间的作案路线及分工。[1] 在话单数据碰撞中,还有一个非常典型的运用就是查找嫌疑人的新号码——在初查或追捕过程中,常常出现犯罪嫌疑人更换手机号以逃避侦查的情况,这时候可以调取他的旧手机话单中 3~5 位高频常用联系人,按常理嫌疑人即使更换手机后也仍会与他们保持联系。之后,反调这 3~5 位常用联系人的话单数据进行碰撞,在他们通讯记录中都出现的新陌生号码就很有可能是嫌疑人的新手机号。[2] 为了确保准确,还可以进一步分析"新号码"的通话记录曲线图谱,与嫌疑人旧手机号的通话记录曲线图谱进行碰撞、对比。一般而言同一个人打电话的频率、规律会保持一定的稳定性,如果两份图谱大概一致便可认定为两号码归属为同一人。

(2) 银行数据碰撞。随着市场经济转型的加快和互联网金融的兴起,银行数据在案件侦查中愈发起到重要作用。尤其是在贪污贿赂犯罪中、网络诈骗、网络赌博等案件中,梳理银行流水数据对于查明案件事实、查找上下游犯罪嫌疑人具有重要作用,某些关键的交易数据还有可能作

---

[1] 斯进:《手机话单分析信息碰撞技战法的应用研究》,载《信息网络安全》,2011(7)。

[2] 何洪辉,秦志超:《综合运用电子数据推动自侦工作转型发展》,载《反贪工作指导》,2014(2)。

为最终定案的证据。在侦查中涉及交易数据的，一般都需要理清资金的流向，对于账户中重要的资金流向进行梳理、串联，理清每一笔重要资金、交易的走向及前后手账户信息。在以往的侦查中，侦查人员往往都是人工去逐条分析、梳理案件中银行交易数据的流向，需要耗费大量的人力劳动。在大数据时代，完全可以借助专业的大数据工具，通过数据碰撞来完成银行流水数据的分析。具体而言，选取嫌疑人及关联人员的多个银行流水账单，将他们海量的交易数据作为据以碰撞的数据集，将银行卡号作为标识数据，对多个账号交易数据进行碰撞，从而找出共同的交易数据；并要格外注意高频次交易账户、单笔大额交易账户以及敏感时段的交易信息等。

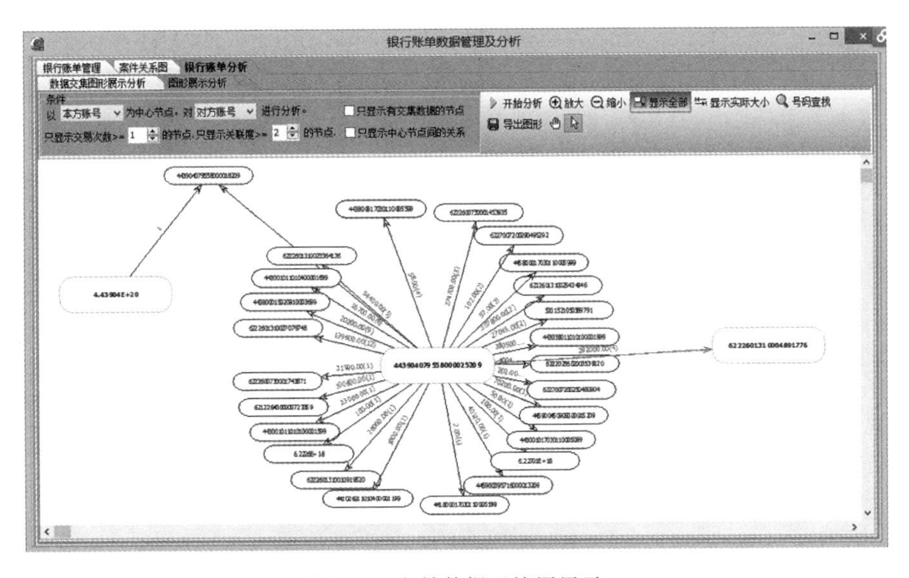

图 5-4　交易数据碰撞图展示

（3）其他数据碰撞。除了上述常用的数据碰撞法之外，还可以根据案情需要，灵活调取其他数据资源进行碰撞。例如涉案物品碰撞法：盗窃、抢劫等案件中丢失的手机、电脑、机动车等物品一般会流入二手交易市场，有些物品带有唯一的“身份识别号”——如手机 IMEI 号、机动车发动机号、电脑序列号等。可以对这些物品的识别性号码建立数据库，将案件中遗失电

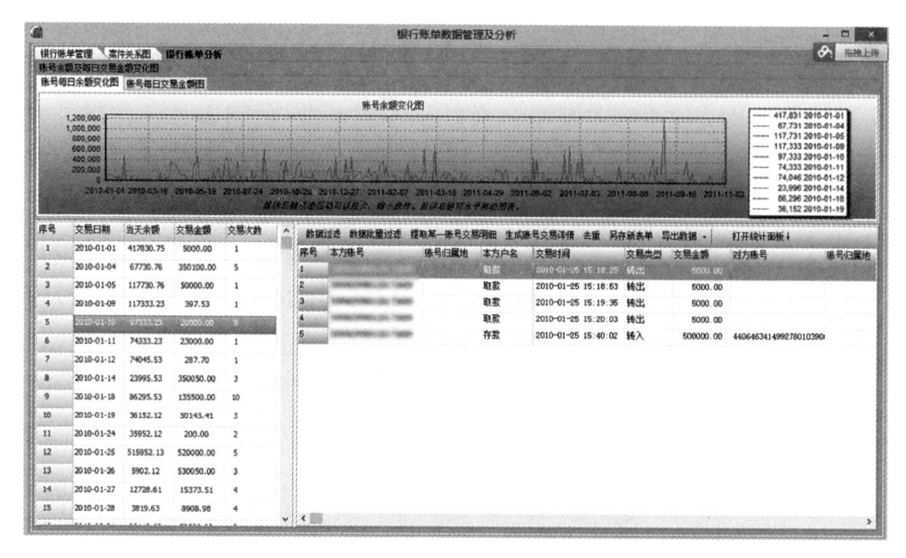

图 5-5 银行数据每日交易曲线(用以发现异常交易值)

子物品识别码与二手交易市场出售物品的识别码数据进行碰撞,号码匹配的就可以确定为同一物品。[1] 再如身份信息碰撞法:身份信息是最常见的标识数据之一,如身份证号、姓名等都能直接指向个人。随着社会中实名制的扩大化,如网络实名制、汽车火车实名制、上网实名制、住店实名制、购物卡实名制、手机卡实名制等,身份信息碰撞法的运用范围会更加广泛。通过身份数据碰撞并结合案件相关信息,则能够获取大量信息:例如可以将身份数据与住店数据、网吧上网数据等进行碰撞,来获取其他相关信息;还可以通过其他数据碰撞来反查出身份信息数据,例如得知嫌疑人在 A、B、C 地均有住宿记录,便可以结合具体的时间段调取三地的住宿数据进行碰撞,并从命中的节点数据中锁定嫌疑人的身份信息。

(4) 轨迹数据在数据碰撞中的运用。轨迹数据是指将多个地理位置数据按时间序列进行串联、排列后形成的反映人或物位移、行踪的数据。随着现代数据化进程的加快,很多数据在生成的时候都自动带有时间信息和

[1] 陈刚:《信息化侦查教程》,139 页,北京,中国人民公安大学出版社,2014。

位置信息，锁定了数据的时空维度，也间接反映了行为人或物的历史时空位置，为侦查提供了大量有价值信息。轨迹碰撞常常作为数据碰撞中的载体或媒介，发挥辅助作用，侦查人员通过轨迹数据可以查找其他信息。例如知道嫌疑车辆逃跑轨迹后，可以调取途经卡口数据进行相互碰撞，共同出现的车辆便很可能是嫌疑车辆；例如以手机基站数据为基础确定了嫌疑人大致的运行轨迹后，可以对关键地理位置周边的旅馆、网吧、车站等数据库进行逐个碰撞分析，从而进一步确定嫌疑人的落脚点、行踪等线索。

第三节　数据挖掘

数据挖掘(data-mining)是大数据的核心技术。数据挖掘概念出现的时间比大数据要早，20 世纪 90 年代就已经广泛使用“数据挖掘”了。数据挖掘是指在大量的数据中，自动发现有用信息的过程，如果将海量的数据比作矿藏的话，那么数据挖掘技术就是采矿工作。数据挖掘需要依靠统计学、人工智能、机器学习、数据库技术、并行计算、分布式计算等多种技术。数据挖掘主要包括以下几种类型的分析技术：①关联性分析，关联性分析的任务是发现不同数据项之间的关系。凭人类经验可以看出事物之间显而易见的关联，而数据挖掘则能够将一些隐含的、甚至常理无法理解的关联关系找出来。②分类分析，分类分析是根据数据的特征为每个类别建立一个模型，根据数据的属性将其分配到不同组别中。③聚类分析，聚类分析是指将数据集中具有相似性的数据聚集在一起。④时序分析，时序分析是加了时间因素的关联性分析，找出数据在时间上所呈现的规律。⑤异常分析，异常分析的任务是找出数据集中明显不同于既定模式的数据。

在大数据侦查过程中，数据挖掘是较为高级的方法。由于数据挖掘的技术性较强，一般需要运用到专门分析软件。现在市面上很多的取证软件也都自带有数据挖掘的功能，如手机取证软件、邮件分析软件、话单分析软件等。数据挖掘的精髓就在于对海量数据进行二次、甚至多次分析，发现事物、现象背后所隐藏的深层次规律。本文以手机数据和话单数据为例，来展示数据挖掘技术的具体应用。

一、手机数据挖掘

手机已经成为人们日常生活、工作的必备品，手机数据挖掘日益成为侦查工作的重要组成部分。现在，人们所使用的手机主要是智能手机，智能手机相当于将部分电脑功能与手机通讯功能相融合，涉及人们通讯、社交、消费、娱乐、出行等各个方面。在大数据时代，智能手机能够将人们的操作行为全数记录下来，以往物理空间转瞬即逝的行为在手机中都成为数字化痕迹。

手机数据主要存储在手机及内存卡、SIM 卡等载体当中，包括内容数据和元数据两大类型。内容数据是描述具体内容的数据，如短信具体内容、即时通讯内容、博客内容等；元数据是描述数据的数据，如发送短信的时间、发送的对象、发送的地点等数据。[1] 手机数据挖掘主要就是对这些海量的元数据进行分析，从而发现机主行为规律、兴趣偏好等，为案件侦查提供线索。由于实务中侦查资料的保密性，本文以专业分析软件来对某位普通机主的手机数据进行挖掘，[2]数据分析结果展示如下。

1. 手机及软件基本数据

取证软件首先提取手机的基本信息，包括手机版本、名称、电话号码、卡号、识别码、序列码等，其中的“手机串号”作为手机身份证，具有唯一的识别性。此外，还可以获取手机上安装的 APP 软件版本、路径数据，以及用户在各软件的注册信息。在本案例中(见图 5-6～图 5-7)，机主的手机版本为 iPhone6，操作系统为 IOS；机主安装的软件有京东商城、微信、陌陌、百度贴吧、淘宝、新浪微博等，机主在这几个软件中的注册账号都各不相同。

2. 通讯数据

手机数据挖掘的一个重要功能就是对通话、短信和微信等通讯元数据

---

〔1〕 内容数据和元数据之间的划分也不是绝对的。例如“付款金额”可以作为内容数据，但是其相对于买了什么物品而言，则又是痕迹数据。

〔2〕 由于涉及侦查机密，本文没有使用具体案件中嫌疑人的手机为例，但所采用的软件和挖掘方法，与侦查实务中保持一致。

图 5-6　手机基本信息

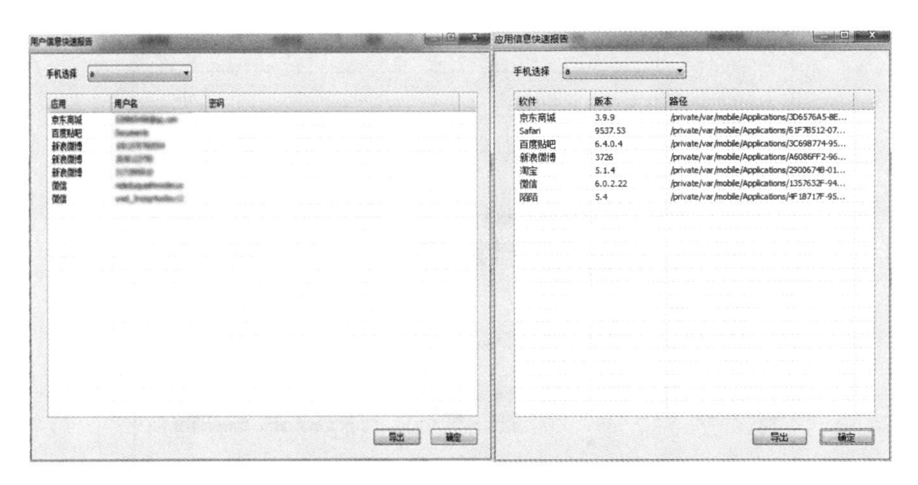

图 5-7　应用程序账号信息及应用列表

的分析。在本案例中，根据机主的通话、短信和微信数据，可以挖掘出以下信息。

联系人信息。软件能够对机主的通讯录中联系人地理位置进行分析，并按照数量多少进行排序。从图 5-8～图 5-10 中可见，机主联系人地理位置分布以北京和四川为最多，而机主本身居住在北京，由此可以推断四川可能是机主的户籍地。软件还能够对机主与联系人的通讯频率进行分析和排序。由于通话联系人和短信联系人共同来源于机主的电话簿(未存储姓名的以手机号显示)，因而可以将二者共同进行频率分析，同时出现的联系人则说明其与机主关系较为密切。

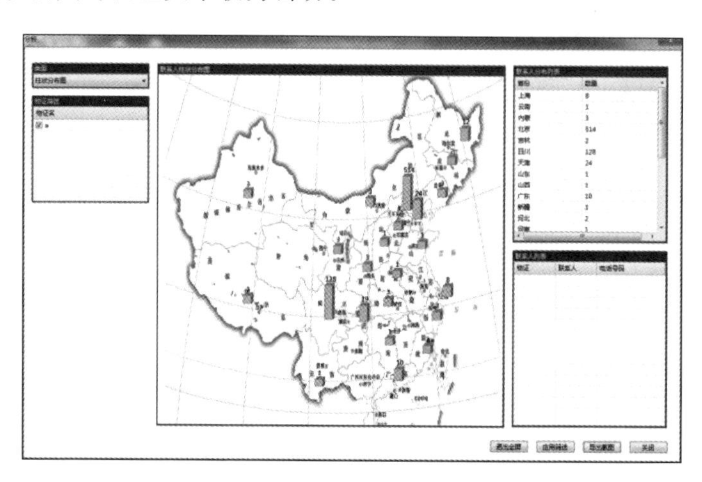

图 5-8　手机通讯联系人地理位置分布

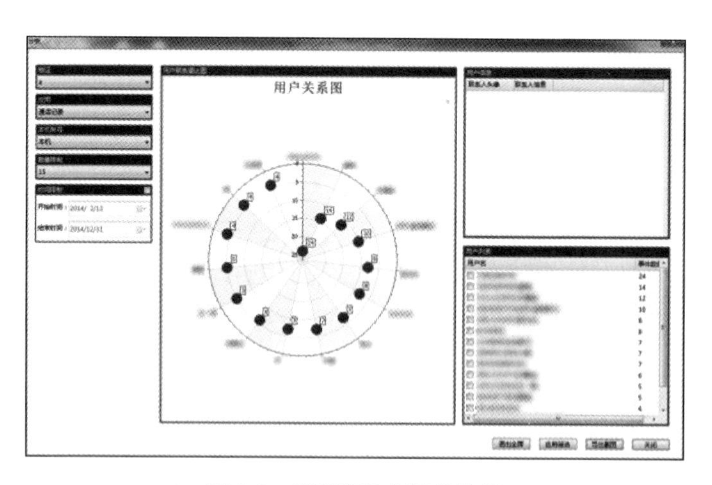

图 5-9　通话联系人频率分析

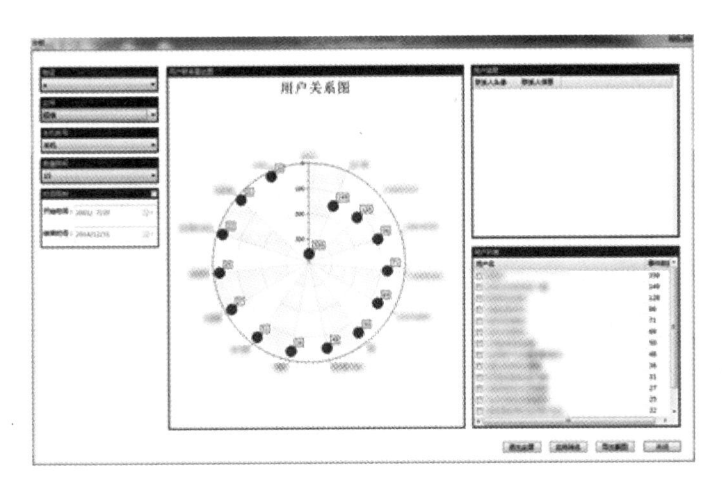

图 5-10　短信联系人频率分析

每日通讯频率。软件能够对机主平均每天各时间段的通讯频率进行分析。由图 5-11～图 5-13 可见，机主的通话时间较多集中于上午 11 点及下午 3 点左右，晚上通话次数趋于减少；发送短信的频率同样集中于这两个时间段，但是在晚间短信发送量下降趋势并不太明显；而微信使用频率则与通话记录、短信记录呈现出完全不同的规律，微信使用记录从早晨开始呈现持续走高的趋势，并在夜间 10 时至 12 时达到最高峰。

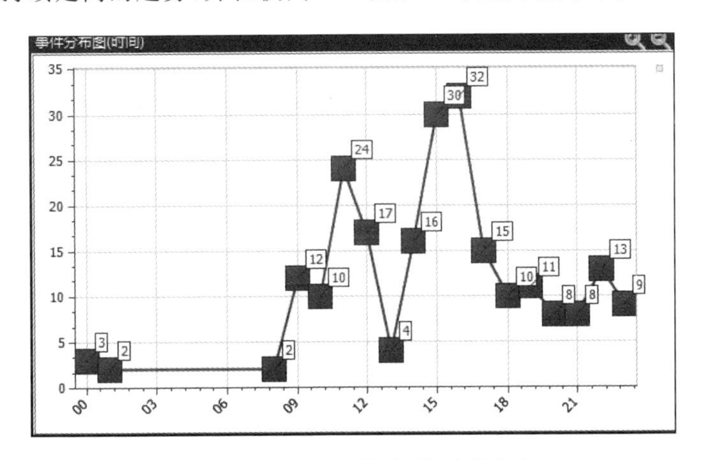

图 5-11　通话记录频率/按时段分布

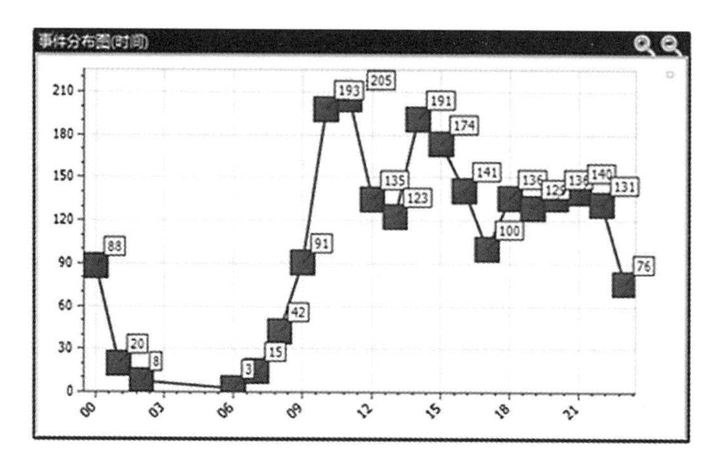

图 5-12　短信频率/按时段分布

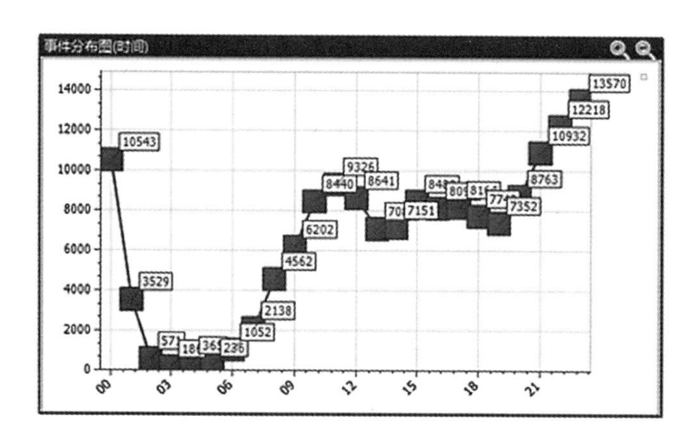

图 5-13　微信使用频率/按时段分布

整体通讯频率。整体通讯频率是指对机主在一段时期内的整体通讯频率进行分析。由图 5-14～图 5-16 可见，该机主的整体通话频率呈稳定的波浪状，但在圣诞节前后的通话频率偏高；短信整体收发频率也基本呈稳定波浪状，但在 10 月 31 日偏高；微信整体收发频率也呈稳定波浪状，3 月 29 日的频率略偏高。从图中还可以看出微信收发数量明显高于短信，可见机主更偏爱使用微信收发信息。在侦查实务中，对于这些偏高的异常通讯数据要格外关注。

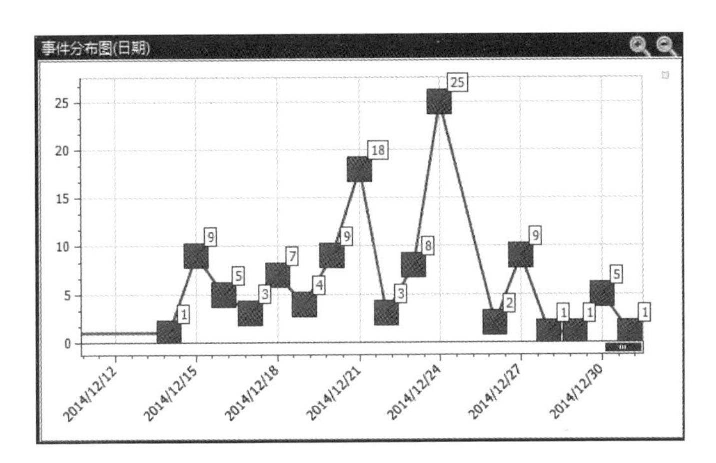

图 5-14　通话记录频率/按日期分布

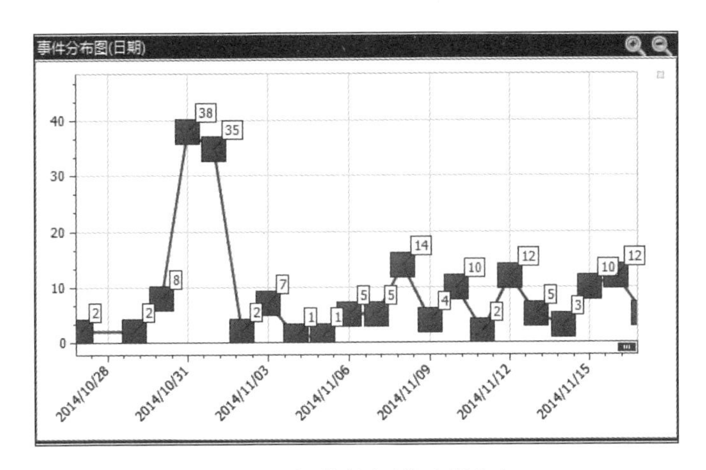

图 5-15　短信频率/按日期分布

3. 地理位置数据

现在的智能手机一般都带有定位功能，除了手机本身可以记录位置信息外，照片、第三方软件及网站等都能够记录下我们的位置信息，越来越多的软件需要用户提供地理位置以便更好地提供服务。就本案例中的手机而言，以下应用程序记录了机主的地理位置。

照片定位系统对机主的足迹进行记录。开启照片定位功能后，每张照

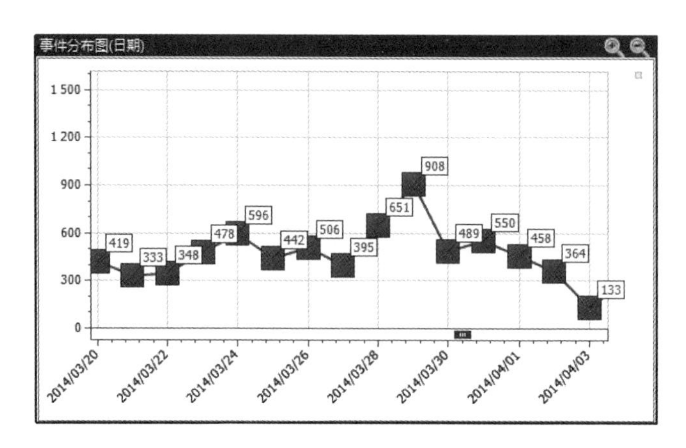

图 5-16　微信使用频率/按日期分布

片都可以精确地记录下拍照的地点，如图 5-17 显示了曾经拍照的城市，对每个城市进行点击放大之后，还可以清晰到城市中的具体位置。侦查中，根据照片的地点及具体的拍摄时间等附属信息，可以对当时的拍照情境进行大致的还原。

微信及微博的定位系统对机主的足迹进行记录。开启相关应用程序的定位功能后，应用会记录下用户地理位置。如微信系统会记录下机主曾经共享、发送过的地理位置；当选择定位时，微博应用会记录下推送每条状态时用户的地理位置见图 5-17～图 5-19。

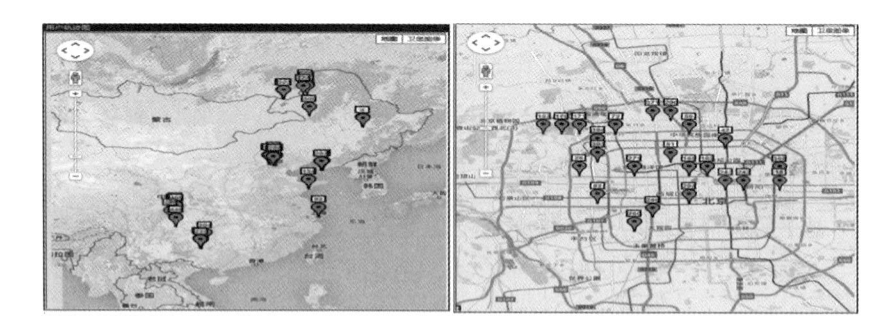

图 5-17　用户轨迹/照片中位置

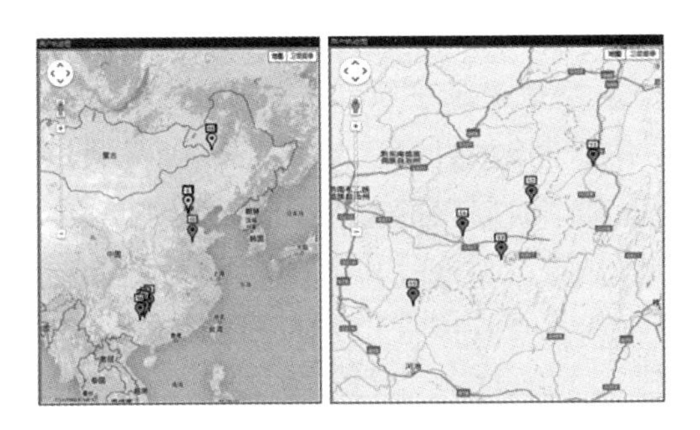

图 5-18　用户轨迹/微信位置

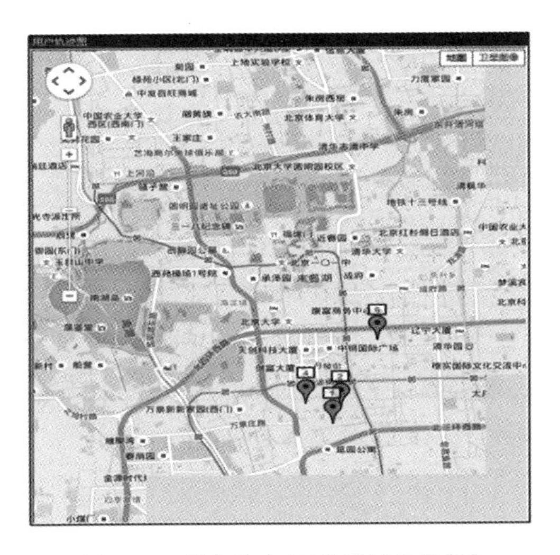

图 5-19　用户轨迹/新浪微博位置[1]

单个的地理位置数据所反映的信息可能还比较有限，如果将机主所有的地理位置数据汇集并按照时间序列进行排序，则能够还原出一段时间内机主连续的行为轨迹。在具体的案件侦查中，还原嫌疑人的行踪轨迹意义重大，对于抓捕在逃嫌疑人，获取沿途相关线索都具有重要作用。

[1] 若发微博时选择显示位置，则微博推送消息的同时也会记录位置信息。

4. 无线网络数据

无线网络数据主要是记录手机在某个时间曾连接过哪些无线网络。侦查中,其重点并不在于连接过哪些无线网络,而是通过时间和无线网的地点,来还原机主在某个时间段的地理位置及场所信息,经常出现的无线网一般为机主的居住地、工作地或其他经常落脚点,从而勾勒出他的活动轨迹见(图 5-20)。

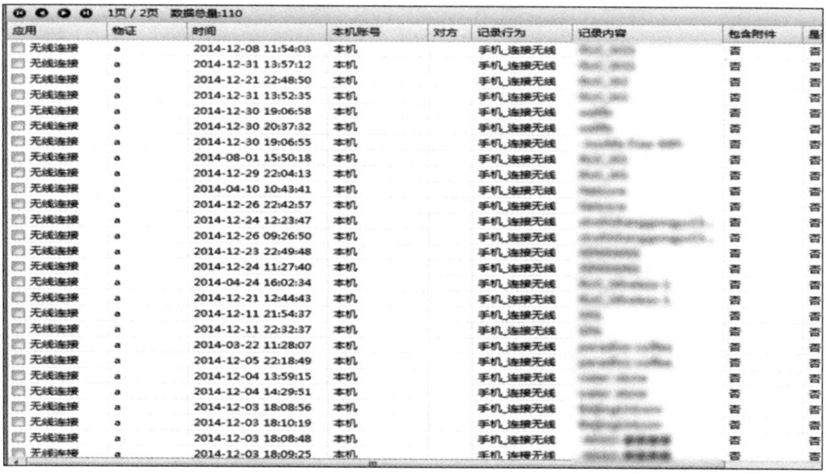

1页 / 2页 数据总量:110

应用	物证	时间	本机账号	对方	记录行为	记录内容	包含附件	是
无线连接	a	2014-12-08 11:54:03	本机		手机_连接无线	[illegible]	否	否
无线连接	a	2014-12-31 13:57:12	本机		手机_连接无线	[illegible]	否	否
无线连接	a	2014-12-21 22:48:50	本机		手机_连接无线	[illegible]	否	否
无线连接	a	2014-12-31 13:52:35	本机		手机_连接无线	[illegible]	否	否
无线连接	a	2014-12-30 19:06:58	本机		手机_连接无线	[illegible]	否	否
无线连接	a	2014-12-30 20:37:32	本机		手机_连接无线	[illegible]	否	否
无线连接	a	2014-12-30 19:06:55	本机		手机_连接无线	[illegible]	否	否
无线连接	a	2014-08-01 15:50:18	本机		手机_连接无线	[illegible]	否	否
无线连接	a	2014-12-29 22:04:13	本机		手机_连接无线	[illegible]	否	否
无线连接	a	2014-04-10 10:43:41	本机		手机_连接无线	[illegible]	否	否
无线连接	a	2014-12-26 22:42:57	本机		手机_连接无线	[illegible]	否	否
无线连接	a	2014-12-24 12:23:47	本机		手机_连接无线	[illegible]	否	否
无线连接	a	2014-12-26 09:26:50	本机		手机_连接无线	[illegible]	否	否
无线连接	a	2014-12-23 22:49:48	本机		手机_连接无线	[illegible]	否	否
无线连接	a	2014-12-24 11:27:40	本机		手机_连接无线	[illegible]	否	否
无线连接	a	2014-04-24 16:02:34	本机		手机_连接无线	[illegible]	否	否
无线连接	a	2014-12-21 12:44:43	本机		手机_连接无线	[illegible]	否	否
无线连接	a	2014-12-11 21:54:37	本机		手机_连接无线	[illegible]	否	否
无线连接	a	2014-12-11 22:32:37	本机		手机_连接无线	[illegible]	否	否
无线连接	a	2014-03-22 11:28:07	本机		手机_连接无线	[illegible]	否	否
无线连接	a	2014-12-05 22:18:49	本机		手机_连接无线	[illegible]	否	否
无线连接	a	2014-12-04 13:59:15	本机		手机_连接无线	[illegible]	否	否
无线连接	a	2014-12-04 14:29:51	本机		手机_连接无线	[illegible]	否	否
无线连接	a	2014-12-03 18:08:56	本机		手机_连接无线	[illegible]	否	否
无线连接	a	2014-12-03 18:10:19	本机		手机_连接无线	[illegible]	否	否
无线连接	a	2014-12-03 18:08:48	本机		手机_连接无线	[illegible]	否	否
无线连接	a	2014-12-03 18:09:25	本机		手机_连接无线	[illegible]	否	否

图 5-20 无线网络连接记录

二、话单数据挖掘

侦查中也经常对话单数据进行挖掘。从表面上看,话单数据仅仅记录了通话行为,是时间、号码等一连串无序的数字,但实际上话单数据能够挖掘出机主的人际关系、生活习性、活动轨迹等诸多信息,为犯罪侦查工作提供线索和方向。

目前,侦查机关主要在市一级的通讯服务商处调取话单,一次可以调取 6 个月的通话记录,只能调取附属信息等元数据,短信内容、通话内容无法调取。调取的话单内容主要包括通话时间、通话时长、通话号码、归属地、基站代码、费用等数据。目前,主要通过专业的话单分析工具来进行数据分析。话单分析软件集数据库技术、数据挖掘技术、数据可视化技术于一体，在导入原始的通话记录数据后，可以自动对通话次数时长、通话频率、通话地点等信息进行分析。在侦查实务中，话单数据挖掘一般包括以下内容。

开户信息。通过对机主手机号码的反查，可以了解机主开户的基本信息，一般包括姓名、性别、身份证号、开户地点、创建日期、套餐业务等信息。

地理位置分析。通过对号码归属地、基站位置等数据的挖掘，可以分析出机主的户籍地、居住地、工作地等具体位置。①户籍地。在流窜作案等案件中，嫌疑人往往会逃离户籍地，但是其还会与户籍地的亲友保持联系。这时要注意通话记录中高频率出现的外地号码，尤其是在春节、中秋等节假日出现的外地号码，其归属地很可能便是机主的户籍地。②居住地。一般而言，机主每天最早一个电话、最晚一个电话往往是在居住地拨出。通过对每天早、晚手机基站位置的分析，大概可以确定机主较为精确的居住地。③基站位置。通过对基站数据的获取，能够对机主进行定位，反查出其何时位于何地的信息（见图 5-21）。

报表41 基站vs通话时段　选中表格 点击"选中表格"按钮后,按"Ctrl-C",然后粘贴到Excel中编辑排版打印.

基站代码	地图	lac	cid	代码属性	类型	名称	地址	4:30~7:30	7:31~11:15	11:16~13:30	13:31~17:15	17:16~19:00	19:01~20:50	20:51~23:59	0~5:30	总计
58F8:7434:0	图	22776	29748						16	6	24	1	9	2		60
57B7:3CDB:0	图	22455	15579						13	2	18	13	9	1		57
5813:4DF6:0	图	22547	19958						3	1	2	1				7
58F8:714A:0	图	22776	29002						3	1	2					7
6816:4F54:0	图	26646	20308								7					7
5813:78B9:0	图	22547	30905							1	4					7
57B7:8AFB:0	图	22455	35579						1	1	3	1				6
5813:4BB4:0	图	22547	19380						2	1	3					6
5813:51A9:0	图	22547	20905						3		3					6
5813:4BBB:0	图	22547	19387						2	2	2					6
5813:2A99:0	图	22547	10905						2	1	2					5
58BE:EF92:0	图	22718	61330						1	1	3					5
5813:27B7:0	图	22547	10167							4	1					5
58BE:7B22:0	图	22718	31522								4					4
5813:27AD:0	图	22547	10157						3	1						4
685A:84EB:0	图	26714	34027								3					3
571D:3462:0	图	22301	13410						3							3
6816:6E87:0	图	26646	28295								3					3
58F8:2F2C:0	图	22776	12076										2	1		3
6816:3D03:0	图	26646	15619								3					3
6816:6413:0	图	26646	25619								3					3
5713:47D6:0	图	22291	18390						1		1					2
571D:505E:0	图	22301	20574								2					2
6816:51E7:0	图	26646	20967								1		1			2
57B7:7020:0	图	22455	28704								1		1			2
5813:78B5:0	图	22547	30901						1		1					2
5716:4D4C:0	图	22294	19788								1					2
5820:48D5:0	图	22560	18645							1						2
58F8:6320:0	图	22776	25376								1	1				2

图 5-21　基站位置分析

人物关系分析。不同人物关系在通话频率上会体现为不同特征，因而通过对机主联系人通话频率的分析，大致可以还原出他们之间的关系。①亲属关系。一般而言，通话时间长、频次靠前的号码很可能是亲属。他们通话时间大都是非工作时间，在排除情人关系后，便可大致确定亲属关系。②情人关系。在很多案件尤其是职务犯罪案件侦查中，嫌疑人拥有一个甚至多个情人，情人的通话时间多在深夜或凌晨，单次通话时间长，通话频率高，呈现不眠不休的特征。③同事关系。一般而言，工作时间通话且每次通话时间不长的很可能是同事，工作时间频率较高的通话可能意味着两人有着较为密切的业务联系。④同伙关系。在一些团伙犯罪案件中犯罪嫌疑人需要通过手机与同案犯联系，需要注意在案件发生前后的通话记录、案发地点的通话记录，对方很有可能是犯罪同伙。⑤其他关系。在亲属、同事、情人关系外，还有些其他特殊通话关系需要引起注意。如在职务犯罪案件侦查中，与机主联系频繁的公司、企业人员等，他们很可能是潜在的行贿人(见图 5-22—图 5-23)。此外，对同案中多个嫌疑人话单数据同时挖掘、比对，还可以分析出共有联系人等信息，从而为了解同案中的人物关系提供依据。

报表32 对方号码(排除条件)　选中表格 点击"选中表格"按钮后,按"Ctrl-C",然后粘贴到Excel中编辑排版打印。

ID	本方号码	对方号码	号码标注	标签	人员信息	短号	虚拟网名称	运营商	归属地	关联度	语音	联系天数	sms	主叫	被叫	呼转	私人	工作	5分钟以上	21时以后	通话时长	合计时间	首次	最后	统计
1	135	1395			-			移动	浙江杭州	1	6条	5天			6被			6工	1长		768	12分	04.08	06.05	统计
2	135	135			-			移动	四川绵阳	1	6条	3天	2短		6被		1私	5工			307	5分	04.16	04.28	统计
3	135	1806			-			电信	浙江杭州	1	6条	2天			6被		5私	1工			202	3分	06.07	06.09	统计
4	135	021101			-			其他		1	6条	3天			6被			6工			1457	24分	07.03	07.08	统计
5	135	137380			-			移动	浙江杭州	1	5条	4天			5被		1私	4工			476	7分	05.07	06.24	统计
6	13	021			-			其他		1	5条	4天			5被			5工			698	11分	06.05	06.25	统计
7	135	057185			-			固话	浙江杭州	1	4条	3天			4被		2私	2工			280	4分	05.04	07.10	统计
8	135	15395			-			电信	浙江杭州	1	4条	4天		1主	3被		1私	3工			396	6分	06.07	06.25	统计
9	135	1317350			-			联通	浙江温州	1	4条	3天	2短		4被			4工			282	4分	05.22	07.07	统计
10	135	136666			-			移动	浙江杭州	1	4条	9天	13短		4被		2私	2工			244	4分	04.04	06.09	统计
11	13	138194			-			移动	浙江杭州	1	4条	5天	1短		4被		2私	2工	2长		1381	23分	04.07	06.22	统计
12	13	075936			-			固话	广东湛江	1	4条	4天			4被		1私	3工	1长	1晚	1322	22分	06.02	09.03	统计
13	1356	021618			-			固话	上海	1	3条	3天			3被		1私	2工			30		05.04	06.16	统计
14	13588	057186			-			固话	浙江杭州	1	3条	2天			3被		2私	1工			210	3分	06.06	06.07	统计
15	13588	18611			-			联通	北京	1	3条	3天	5短		3被			3工			194	3分	06.12	06.15	统计
16	13588	1373			-			移动	浙江杭州	1	3条	3天			3被			3工			281	4分	04.07	07.09	统计
17	13588	1370			-			移动	浙江杭州	1	3条	4天	2短		3被		1私	2工			308	5分	04.21	07.07	统计
18	13588	1358			-			移动	浙江杭州	1	3条	1天	1短	2主	1被		3私				54		06.15	06.15	统计
19	13588	1805			-			电信	浙江杭州	1	3条	2天			3被			3工			167	2分	06.05	06.24	统计
20	13588	1836			-			移动	浙江嘉兴	1	3条	3天	1短		3被			3工			165	2分	04.02	05.06	统计
21	13588	15355			-			电信	浙江杭州	1	2条	2天			2被			2工			19		06.12	07.09	统计
22	13588	057187			-			固话	浙江杭州	1	2条	2天			2被			2工			108	1分	06.05	06.06	统计
23	135880	057188			-			固话	浙江杭州	1	2条	2天			2被		1私	1工			26		04.12	04.16	统计
24	13588	15669			-			联通	浙江杭州	1	2条	1天			2被			2工			140	2分	05.23	05.23	统计
25	13588	05718			-			固话	浙江杭州	1	2条	1天			2被			2工			34		06.10	06.10	统计
26	13588	13306			-			电信	浙江杭州	1	2条	2天	3短		2被		1私	1工		1晚	328	5分	05.05	06.05	统计
27	13588	05718			-			固话	浙江杭州	1	2条	2天			2被		1私	1工			175	2分	04.09	04.24	统计
28	13588	13287			-			联通	山东临沂	1	2条	1天			2被		2私		2长	1晚	6988	1小时56分	04.06	04.06	统计
29	13588	1356			-			移动	浙江温州	1	2条	3天	2短		2被		1私	1工	1长		378	6分	04.19	05.23	统计
30	13588	1313			-			联通	浙江杭州	1	2条	1天			2被			2工			467	7分	04.22	04.22	统计

图 5-22　通话频率分析

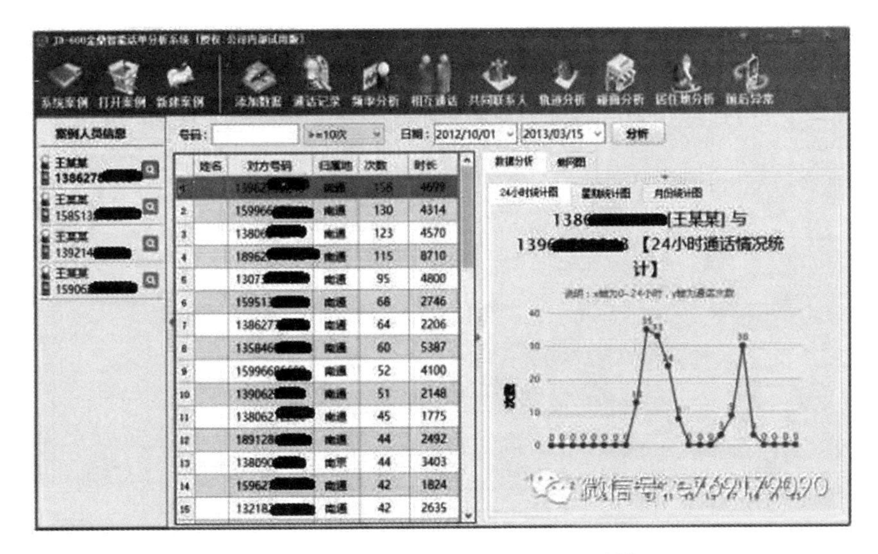

图 5-23　重点联系人通话时段分析[1]

行动轨迹分析。通过话单中的主叫号码归属地、基站代码的串联，可以勾画出嫌疑人的主要活动轨迹。①日常行动轨迹。通过机主早晚电话的基站，可以判断出其起居地；通过工作时间的基站代码，可以判断出其工作地点；单位和家之外，有可能是机主有多处居住地或是情人居住地。②案发时行动轨迹。对于案发前和案发当日的基站信息要格外注意，其往往反映了嫌疑人的犯罪准备工作及作案路线。③案发后行动轨迹。案发后，有些嫌疑人会迅速逃匿或是与同案犯会合。通过对案发后基站轨迹的梳理，可以掌握嫌疑人逃跑行踪及同案犯的一些信息（见图 5-24）。

特殊情况。需要注意的是，在案件侦查中，嫌疑人的通话规律并非是一成不变的，一些特殊的通话记录反倒有可能是重要的侦查信息，需要对其进一步分析。例如深夜、节假日、案发日等敏感时段的通话记录；如通话频率过高、累计通话时间过长的联系人；再者，以日期为坐标对每日通话规律进行分析，明显区别于平日通话记录的时间需要引起注意；此外，外地号码、漫游号

〔1〕 该图片来源于网络。

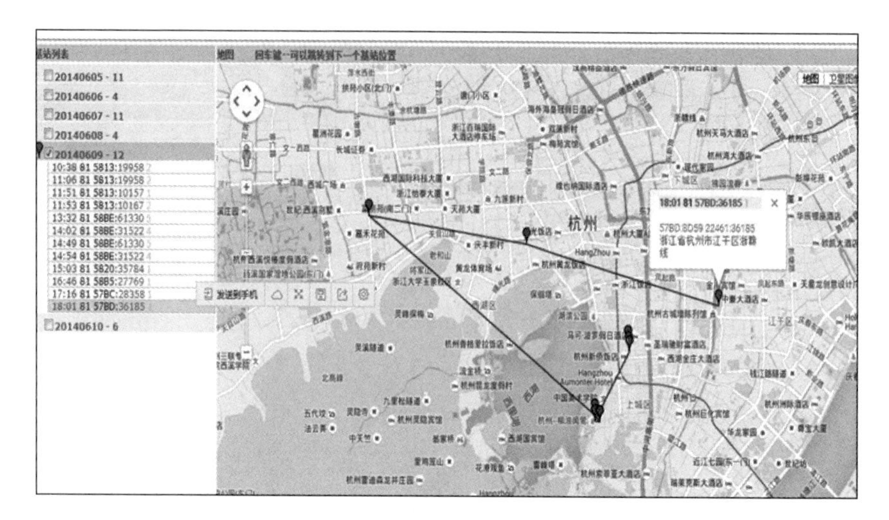

图 5-24　运动轨迹分析

码、座机号码、特服号码等也要注意。另外,不同类型案件中,话单分析的侧重点也不一样。以行为轨迹分析为例,一般抢劫、杀人、强奸等案件中,案发当日嫌疑人的行踪轨迹对于确定具体案情则具有重要作用。而在职务犯罪侦查中,案发当日往往难以确定,即使是知道案发日,由于作案手段的隐蔽性,也不会在行踪上有特殊体现,因而侧重点可能要放到嫌疑人日常轨迹的分析以及人物关系的分析上——业务关系人、上下级关系以及情人关系是重点分析对象,业务关系人可能是潜在的行贿人,情人可能参与了受贿活动。因此,侦查人员要根据案件的具体情况选择不同的数据分析侧重点。

第四节　数据画像

一、数据画像的原理

数据画像是随着大数据时代的到来而产生的新事物,在商业领域运用较为广泛。商户根据用户数据来对消费者的特征进行归纳,分析他们的消费习惯、行为习惯等,并据此进行个性化营销服务,这被称为"大数据用户画像"的营销模式。尤其是在电子商务领域,积累了大量高质量、多维度的用户数据，为用户画像提供了丰富的数据矿藏。大数据用户画像能够对每一位用户进行精准的个性画像，将用户的信息细化为不同的特征，如性别、年龄、地域、兴趣爱好、收入水平、消费偏好等；再通过各种标签去展示用户的个性化特征，如年龄标签、地域标签、职业标签、收入标签等；最后，商家根据用户的不同特征展开不同的营销策略。概言之，用户画像能够将人物特征转化为虚拟的数据，来代表个人的背景、需求、喜好等，从而加强商家与用户之间的交流，有助于商家更好地满足用户的需求。[1]（如图 5-25）

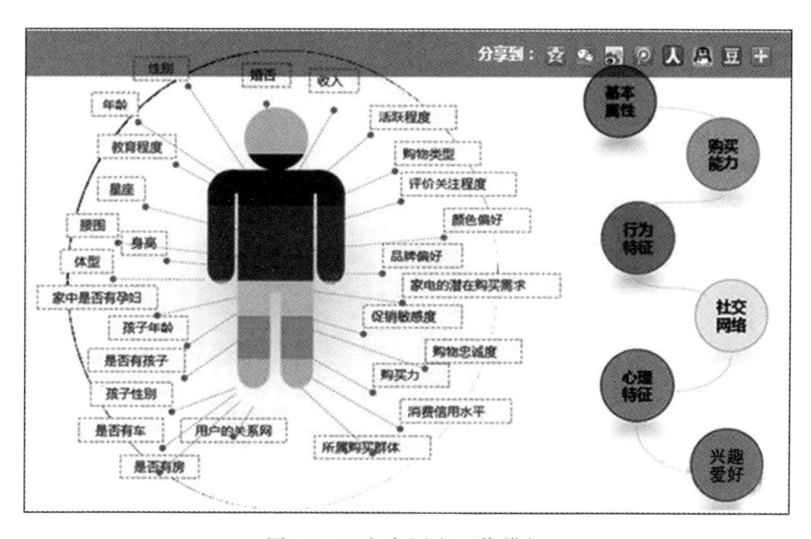

图 5-25　京东用户画像模板

这种商业化的“数据画像”模式，在侦查中同样可以用于对嫌疑人的画像。追根溯源，其实侦查中数据画像最早可以追溯到“犯罪心理画像”(criminal profiling)。犯罪心理画像是指侦查人员根据犯罪现场遗留的痕迹、物证等信息，结合主观经验判断，来对犯罪嫌疑人的外形、身份、心理活动等进行描绘的过程。[2] 在过去，对犯罪分子特征的描述来源于对个案中

〔1〕 余孟杰：《产品研发中用户画像的数据模建——从具象到抽象》，载《设计艺术研究》，2014(6)。

〔2〕 李玫瑾：《侦查中犯罪心理画像的实质与价值》，载《中国人民公安大学学报》(社会科学版)，2007(4)。

的犯罪现场、物证、行为证据等考察。在大数据时代，对犯罪分子的心理画像完全可以通过数据来完成，侦查实务中也有越来越多的学者开始提出“数据画像”的概念。侦查中的数据画像是指通过大数据分析方法，对嫌疑人或相关人的身份、行为特征、兴趣爱好、人际关系等情况以数据形式表现出来，刻画出分析对象的数据全貌，为犯罪侦查活动提供线索、信息。

侦查中用于犯罪画像的数据来源非常广泛，包括侦查机关的数据库数据、社会行业的数据库数据、大数据公司的用户数据、个人电子设备中的数据，等等。所选取的数据源越多，对嫌疑人特征的刻画就越具体，对嫌疑人行为特征的总结就更精确，侦查机关所能获取的信息也就越多(如图 5-26)。

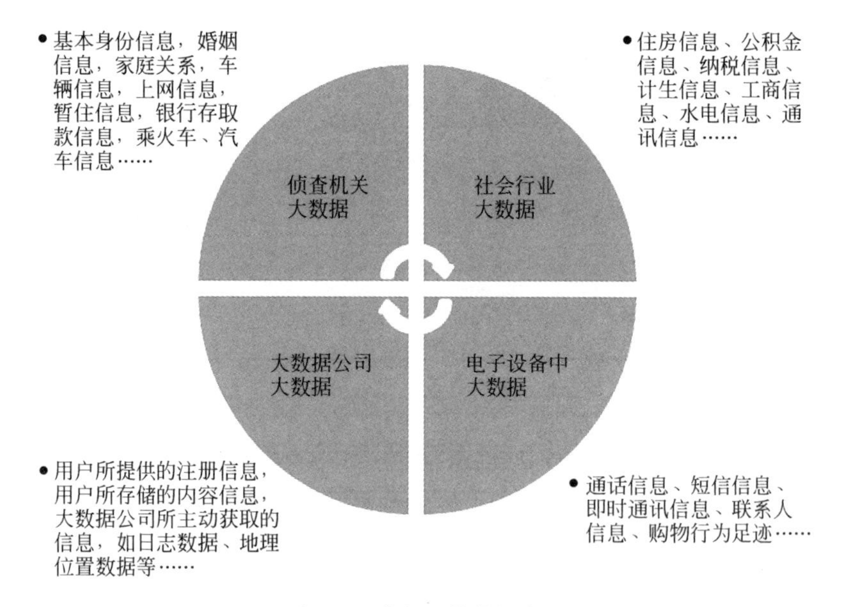

图 5-26　数据画像数据来源

数据画像是一个从具体到抽象的层层递进的分析过程。首先，通过海量的数据源，获取有关对象的最基本相关数据，这些数据往往是海量的、杂乱的；在此基础上，侦查人员要对这些初始数据进行归纳、总结，运用数据挖掘等方法分析这些数据的特征，形成类似于商业数据画像中的“标签化”展示，从而逐渐完成数据画像过程。在大数据画像技术下，嫌疑人无疑会成为大数据底下的透明人，其身份信息、行为轨迹、消费习性、经济状况、家庭关系、兴趣爱好、人际交往等特征得以完整以展现出来，从而为犯罪侦查提供大量线索、情报，侦查人员也可以结合案情，就任一特征继续深挖下去（如图 5-27）。

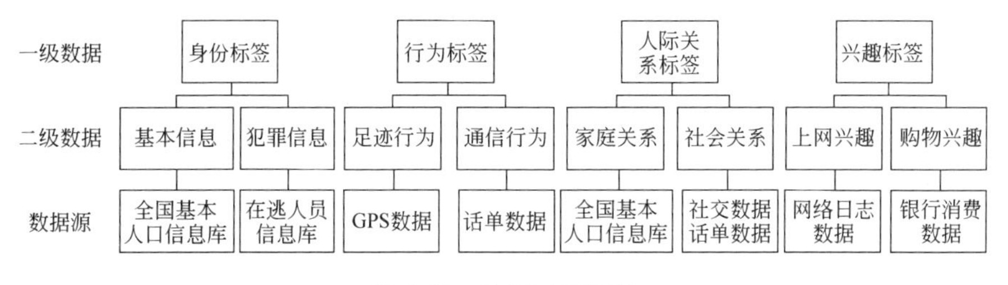

图 5-27　数据画像原理

二、数据画像的示例

目前在实务中，已经不少地区的侦查部门开始运用大数据画像技术。就笔者所知，江苏省某市检察院的大数据画像运用走在全国前列。该市检察院依托于 2 000 余万条拷贝类信息库、10 余条实时连线信息查询通道、10 000 余条已办案件信息等三大信息库组成基本的数据平台；在其查办的每一起职务犯罪案件中，侦查人员都会对嫌疑人进行基本的数据画像，选取其话单数据、手机数据、银行数据、房产数据、出入境数据作为画像的数据源；在此基础上，侦查人员通过大数据智能挖掘和人工分析研判，对每位嫌疑人的基本信息、人际关系、资产情况等进行画像。再如，福建省某市检察院的“智慧检察大数据分析平台”，同样具有数据画像的功能，其能将有关犯罪嫌疑人的碎片数据收集整合，对其家庭情况、人际交往情况、消费情况等维度进行画像。反贪实务中，通过数据画像，侦查人员能够在短时间内对犯罪嫌疑人有较为深入的了解，有利于侦查人员提出侦查假说，制订可行的侦查方案，确定有效的审讯谋略，有利于侦查人员对全案侦查进程的把控。

第五节　犯罪网络关系分析

一、犯罪网络关系分析的缘起

在当今的大数据时代，社交网络平台很流行通过用户之间的社交网络关系，描绘出用户之间的关系图。即以用户为中心，根据该用户与其他网络用户的联系频率、互动频率、兴趣相似度、共同好友数量等指标建立联系，并根据这些指标测算出不同用户之间的关系强弱。例如下图就是以“ev”为核心人物的社交网络关系分析图，图 5-28 中显示出“ev”社交网络中的所有联系人，以及这些联系人之间的相互关系。社交网络关系分析一般应用于社交网站的消息推送、好友推送、产品推送等商业用途。(如图 5-28)

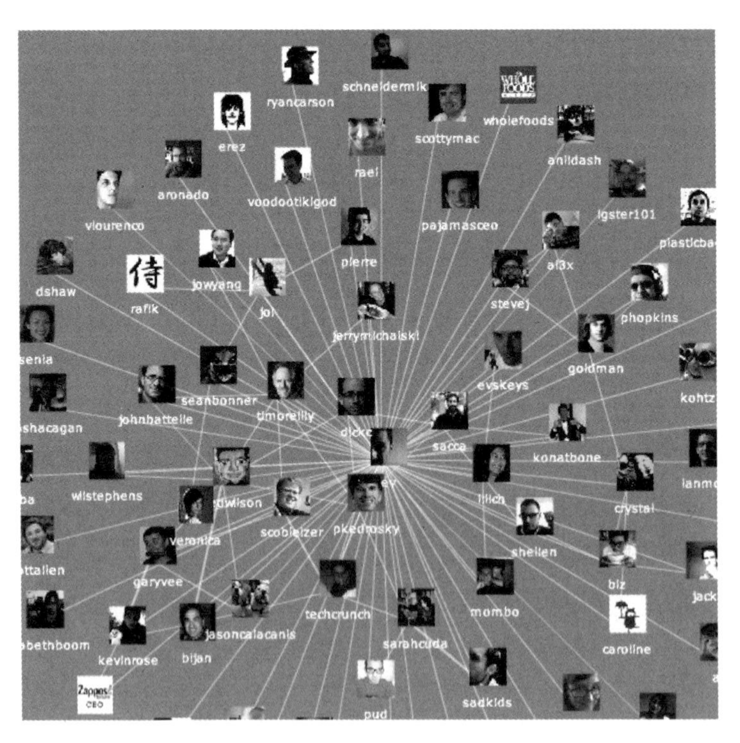

图 5-28　“ev”的 twitter 的社交关系(注：该图片来源于网络)

其实,社交网络关系分析并不是新事物,其来源于20世纪30年代就出现的社会网络分析。社会网络分析涉及心理学、人类学、数学等多学科的知识,旨在将复杂多样的人际关系变为形象的网络图形,通过群体及个体的关系来展开研究,并用于社会各个领域的需求。[1] 早期的社会网络分析多采取图论法、矩阵法等手绘方法,后来计算机技术开始运用到分析制图中。

犯罪网络分析与社交网络分析的原理本质上是相同的。犯罪活动首先是一种社会活动,犯罪网络也是社会网络的一种体现,因而社会网络分析的原理同样可以运用于犯罪网络关系分析中。在很多犯罪活动中,往往具有群体性的特点,犯罪成员呈组织化、团伙化的形式,他们之间有着明确的分工、各司其职、互相配合。犯罪成员之间的这种关系恰恰是社会关系在犯罪中的一种表现,因而可以通过社会网络分析来了解犯罪群体的人员组织及其之间的分工联系。这种对犯罪活动中群成员的相互连接、分工合作关系的分析就被称为"犯罪网络分析"。犯罪网络分析方法适用于所有的有组织犯罪,如恐怖组织犯罪、黑社会性质的组织犯罪等。尤其是现在随着网络犯罪的扩大化,很多犯罪分子都在网上进行联系,他们的网络联系、交往痕迹为犯罪网络分析提供了有利的"数据"条件,可以通过他们的即时通讯数据、社交数据等来还原出犯罪网络关系图。

犯罪网络分析对于案件侦查具有重要作用。首先,有助于侦查人员获取犯罪分子的全面信息以及他们之间的分工合作关系,尤其是在一些组织庞大的犯罪活动,如恐怖犯罪、毒品犯罪活动中,如果不通过犯罪网络关系分析,则很难获取所有犯罪成员之间的组织信息,不利于对犯罪组织的全面打击。其次,通过犯罪网络分析,能够很清晰地显示出犯罪组织中的核心成员、中介性成员,可以以他们为突破口,挖掘进一步的犯罪网络关系。对核心成员、中介成员的打击,有利于迅速瓦解犯罪组织,提高打击犯罪的效率。最后,现在日益猖獗的网络犯罪活动,其成员之间的联系、分工合作都是在网络上完成的,如果不进行专业的犯罪网络分析,仅凭侦查经验则

---

〔1〕 邵云飞、欧阳青燕、孙雷:《社会网络分析方法及其在创新研究中的运用》,载《管理学报》,2009(9)。

很难摸清其组织成员的构成及其分工合作关系。

二、犯罪网络关系分析的原理及示例

早期的犯罪网络分析主要是通过人工计算来完成，如美国最早使用链接分析(link analysis)来解析犯罪组织之间的网络关系。不过犯罪组织之间的成员关系错综复杂，他们之间的通讯、联系记录动辄数以千计，对其关系的分析计算无疑是项浩大的工程。在如今的大数据时代，我们完全可以通过数据挖掘技术来完成犯罪网络分析，自动分析犯罪成员间的互动关系，识别出核心人物、中介性成员等。当下的话单数据、社交网络数据、即时通讯数据、邮件来往数据等都为犯罪网络关系图提供了数据来源。

犯罪网络分析的任务就是对犯罪成员之间的联系亲密度、亲疏度等进行定量计算，将犯罪组织成员之间的关系通过网络图的形式呈现出来。犯罪成员之间的关系和重点嫌疑人都是犯罪网络分析的重要内容。①犯罪成员之间的关系分析。在有组织性的犯罪中，每个犯罪成员用一个"节点"来表示，如果他们之间有联系，则用"连线"来表示。犯罪成员之间的交往的密切程度可以通过联系频率、联系时长、联系天数的数值计算出来，并表现为不同粗细、长短的连线。一般来说，核心成员之间的关系、家庭亲属关系、同籍关系、同学关系都是较强的连线关系。②重点嫌疑人分析。重点犯罪嫌疑人筛选的依据在于核心度测量，其包括中心性指标、中介性指标、接近性指标。中心性是指该人物节点与群体中其他人员的连线数量，中心性越大说明在犯罪活动中越处于核心地位；中介性是指该人物节点在整体人物关系图中所起的连接作用；[1]接近性是指该人物在整体人物关系中达到其他人的路径总和，接近性指标越小说明核心度越高。

---

〔1〕 如果设网络中任意两点间最短路径的总数为 S，其中有 n 条最短路径通过了某一节点 a，节点 a 的中介性指标等于 n 除以 S，节点占有的最短路径越多，则这一节点对网络其他节点就越重要，这类节点丧失常常会导致网络的瘫痪或解体。崔嵩：《再造公安情报》，209 页，北京，中国人民公安大学出版社，2008。

犯罪网络分析一般遵循如下的流程：①确定初始人物节点：在有组织的犯罪中，侦查人员可以将某几个犯罪嫌疑人作为突破口，绘制出数个初始节点；②一级犯罪关系网络分析：通过对初始人物的社交关系、人际关系的监控，来绘制出以他为核心的关系图，寻找与之有密切联系的关系人；③联系强弱分析：根据相关指标模型，分析各犯罪分子之间的亲疏联系；④二级犯罪网络关系分析：再以一级犯罪网络中与核心分子关系密切的其他可疑分子为核心，绘制二级人际关系图；通过这样层层扩大的方法，最终绘制出完整的犯罪网络关系图。[1] 在数据挖掘模型下，犯罪网络关系图往往呈现出类似于神经网络图的分布模式（如图5-29）[2]。

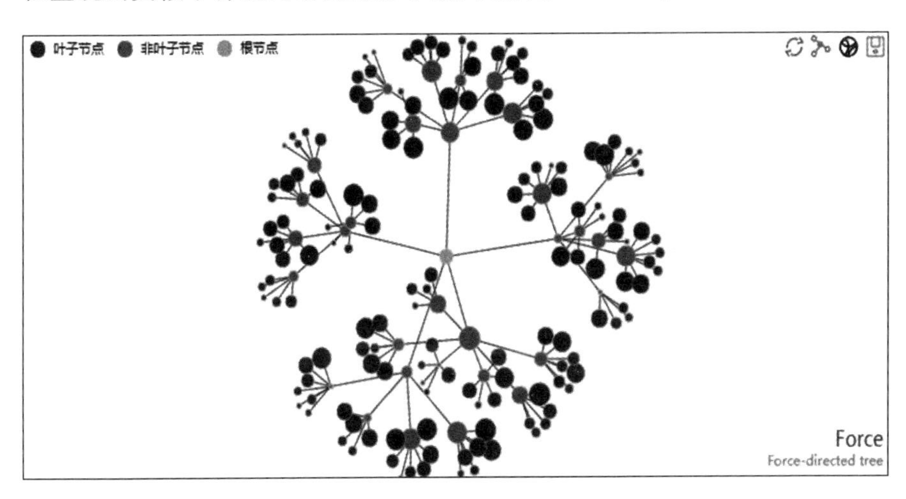

图5-29　犯罪网络关系分析原理

“9·11”事件中的恐怖组织分析便是一起典型的犯罪网络关系分析案例。美国国家安全局曾在“9·11”恐怖犯罪发生以后，根据AT&T，Verizon，BellSouth三家美国电信公司的通讯记录，绘制出了恐怖分子网络

〔1〕 崔嵩：《再造公安情报》，194～195页、208～209页，北京，中国人民公安大学出版社，2008。

〔2〕 图片来源于ECharts的开源工具，载百度网http://echarts.baidu.com/doc/example/force2.html，最后访问时间：2016年9月28日。不过这仅仅是犯罪网络关系分析图的代表形式之一。

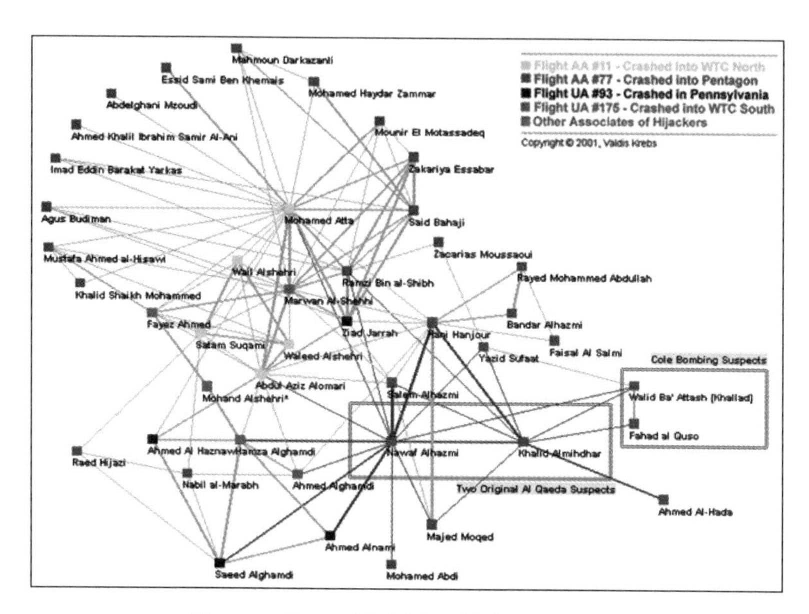

图 5-30 “9·11”犯罪中恐怖分子网络关系

图，著名社会网络关系专家 Valdis Krebs 也曾绘制“9·11”恐怖分子关系图(如图 5-30)[1]，从中我们可以看出处于中间位置、连线数量较多的人物为 Mohamed Atta、Hani Hanjour、Marwan Al-Shehhi、Nawaf Alhazmi 等，他们恰恰都是在“9·11”恐怖袭击中重要参与者。试想，若是及早发现这些恐怖分子之间的联系，或许就能够阻止这一场灾难了。[2] 随着全球恐怖主义威胁的日益严重，目前越来越多的组织开始研发专门针对恐怖活动犯罪网络分析的数据挖掘方法，如美国卡内基隆大学基于贝叶斯算法研发的 NETEST 工具，亚利桑那州立大学通过极端主义论坛活动来构建恐怖犯罪网络关系，南加利福尼亚州大学通过相似性算法，寻找与恐怖分子具

〔1〕 图片来源于 http://orgnet.com/about.html 网站，最后访问时间：2015 年 12 月 15 日。

〔2〕 参见新浪科技：《快速锁定恐怖分子新招数：绘制“联系人网络图”》，载新浪网 http://tech.sina.com.cn/d/i/2015-12-01/doc-ifxmazmy2303998.shtm，最后访问时间：2016 年 9 月 25 日。

有相似性的对象等方法。[1] 实际上,恐怖活动中的犯罪网络分析原理、方法同样可以适用于毒品犯罪、洗钱犯罪以及有组织的网络犯罪中。目前,我国侦查机关对于犯罪网络分析的了解、运用还不是很多,相关技术也尚未成熟,或许犯罪网络分析会成为未来大数据侦查方法的发展方向之一。

第六节　犯罪热点分析

一、犯罪热点分析的原理

经济学上有一个著名的"二八定律",用来说明事物分布不平衡的道理。人类的犯罪活动同样遵循着不平衡理论,相对于整体犯罪而言,少量犯罪人群可能实施了大部分的犯罪活动,少部分地区发生了大部分的犯罪活动,少量的时间段发生了大部分的犯罪。"二八定律"在犯罪地理空间中的表现被称之为"犯罪热点"现象,强调犯罪活动在空间上呈现出的一种聚集现象,某些区域内的犯罪密度显著偏高。[2] 也有学者认为除了地理空间的犯罪热点外,广义犯罪热点还可以加上时间、人群、犯罪类型等维度。[3]

犯罪热点一般有着潜在的分布规律,可以通过对某一地区历史犯罪数据的计算来确定其犯罪热点。具体方法可以在区域犯罪数据统计或离散点统计基础上,运用大数据算法来探测犯罪热点。[4] 关于犯罪热点分析,还有以下两点需要注意:①同一区域内的不同犯罪热点的严重程度往往不同。对一定区域内犯罪热点可以进行犯罪密度分析,并根据不同的犯罪密度分别对每个地区进行不同的染色,一般颜色越深的表示犯罪密度越

---

[1] 马方:《犯罪网络分析:恐怖主义犯罪防控新视角》,任惠华主编:《侦查学演讲录》,458～486页,北京,法律出版社,2010。

[2] 汪兰香、陈友飞、李民强等:《犯罪热点研究的空间分析方法》,载《福建警察学院学报》,2012(2)。

[3] 陆娟等:《犯罪热点时空分布研究方法综述》,载《地理科学研究进展》,2012(4)。

[4] 同上注。

高。[1] ②犯罪热点分析往往与犯罪预测工作联系在一起。在犯罪地理空间分布模式分析中可以加入时序因素，将犯罪地理空间特征与时间特征相结合，探索犯罪活动的时空模式特征，了解犯罪热点、犯罪密度等在时间上的变化趋势和规律。在此基础上，就能够对未来该地区犯罪活动的发生概率进行预测。

二、犯罪热点分析的示例

犯罪热点分析经常会用到GIS(Geographic Information System)地理信息系统。GIS地理信息系统原本是对全球地理数据进行采集、存储和分析的系统，其作为专业的地理数据分析系统，逐渐应用至气象、土地、测绘、经济管理、刑事侦查等各个领域。GIS技术的一个特点是将不同的地理特征分为不同的层次，例如将某个城市的道路数据、建筑物数据、水管数据、娱乐场所数据等不同的地理信息分别设置为不同的层次，并根据任务需要选取不同的层次进行叠加对比。侦查工作中，GIS提供一个以地理位置为基础的分析平台，能够对犯罪数据、地理数据以及一些其他相关数据进行叠加比较，分析数据之间的关联性，找到犯罪活动与地理环境之间的关系。本文以A地区抢劫案件犯罪热点的分析为例，来说明GIS系统运用的流程及原理。[2]

(1) 目标任务：寻找A地区抢劫案件的热点地区，以及抢劫案件与地理因素之间的关系；

(2) 数据选取：A地区过去两年包含有地址的抢劫案件数据；

(3) 数据清洗：对犯罪地址数据进行编码，并进行数据清洗，统一数据格式、纠正、补缺错误及缺失的地址数据等，保证犯罪地址数据的一致性、准确性、可靠性和完整性；

---

[1] 崔嵩：《再造公安情报》，353～354页，北京，中国人民公安大学出版社，2008。

[2] [英]Spencer Chainey，[美]Jerry Ratcliffe：《地理信息系统与犯罪制图》，陈鹏、洪卫军、隋晋光等译，27～56页，北京，中国人民公安大学出版社，2014。

(4) 数据处理：将犯罪地址数据投射到地图上去，通过其地理位置分别来判断、分析A地区抢劫案件的热点。根据具体需求，侦查人员还可以选择不同的地理图层，进行关联性分析，例如选择人口数据，来比较抢劫案件与人口之间的关系；选择ATM及银行数据，分析抢劫案件与这些地点之间的关系；选择酒吧、夜总会等娱乐场所数据来进行分析等。尽管大数据分析技术能够解放人力劳动，对犯罪活动进行智能化分析，但是在分析犯罪原因以及犯罪相关性因素的时候，仍然需要侦查人员的工作经验以及犯罪学基本理论；

(5) 决策运用：警方根据A地区抢劫犯罪热点来进行犯罪预测，并在热点地区加强警力巡逻力量，增加监控视频，并提醒该地区居民加强防范意识；根据抢劫案件与其他因素之间的关联性，来找出该犯罪的相关因素，如地理位置特征、受害人群特征等，并采取一定的干预措施，从源头上减少该类案件发生的条件。

在美国，已经涌现出一批犯罪热点的智能分析工具。上文提到的1994年美国纽约警方研发的COMPSTAT(computer statistics)便是典型的犯罪热点分析系统，其在犯罪热点分析的历史上具有里程碑式意义。在当代，大数据技术开始逐渐运用至犯罪热点分析、预测工作中去。例如圣塔克拉拉大学的莫勒教授(Professor Mohler of Santa Clara University)将地震学原理运用至犯罪热点预测中，发明了一种"地震模型"(earthquake modeling)算法——将地区进行网格式划分，每当一个地区有新的犯罪发生后，系统就可以自动计算出下一次犯罪发生的概率，与地震后的"余震"计算原理相似。这种预测模型对于财产类犯罪和枪支类犯罪的预测有着很高的准确率。[1] 孟菲斯警方开发的"蓝色风暴"(Blue Crush)软件、PredPol软件、IBM公司开发的犯罪热点分析软件等，在美国都有着广泛的应用。

---

[1] See Kelly K. Koss, "Leveraging Predictive Policing Algorithms to Restore Fourth Amendment Protections in High-Crime Areas in a Post-Wardlow World", *Chicago-Kent Law Review*, 1(2015), pp. 301-334.

在我国,犯罪热点分析也已经在侦查工作中开始运用。例如北京市怀柔区公安局的“犯罪预测时空定位信息管理系统”(FZYC-1.0)便结合了犯罪热点分析和犯罪时空预测功能(见图5-31)。①犯罪热点分析功能。该软件能够对怀柔地区的所有历史案件进行大数据分析,并在地图上以“热点化”形象所呈现。点击每一个“热点”,系统就会显示出该热点地区的具体犯罪类型和犯罪数量,并在时间轴上显示该地区犯罪活动的历史发展趋势。②犯罪时空预测功能。犯罪预测主要建立在对历史犯罪规律的提炼上,将规律转化为数据模型并运用于对未来时间、空间犯罪活动的预测。该系统每天、每周都会对本地区的犯罪趋势进行自动预测,对于各个片区发生犯罪的不同概率以系数进行精确化表示,并以红、橙、黄、绿、蓝五种颜色代表不同的警级。[1] 还有的互联网公司(智图GeoQ)开发出“北京治安地图”的手机应用,将北京市各种类、各地区的犯罪在地图上投射出来,其所运用的原理也是犯罪热点分析(图5-32)。

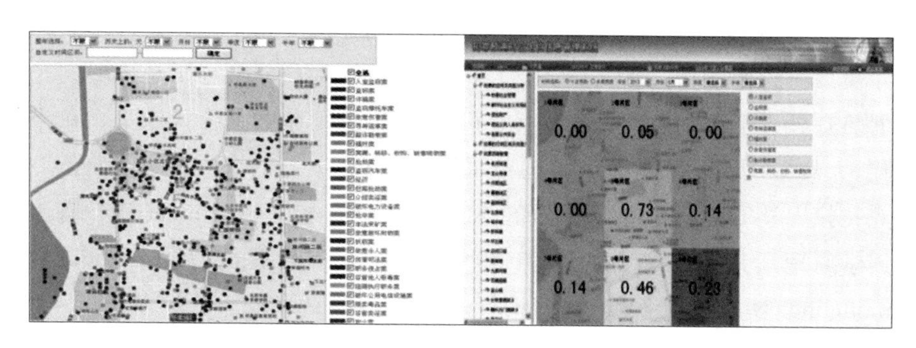

图5-31 北京市怀柔区公安局“犯罪预测时空定位信息管理系统”

〔1〕 阎耀军,张明:《犯罪预测时空定位管理系统的构建》,载《中国人民公安大学学报》(社会科学版),2013(4)。图片同样来源于此文。

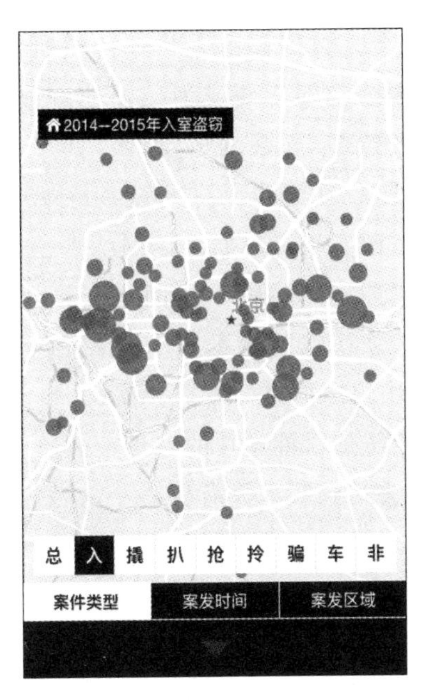

图 5-32　北京市治安地图[1]

第七节　大数据公司调取数据

上述的几种大数据侦查方法主要是从技术角度进行介绍。其实，实务中还有一种大数据侦查方法容易被忽略，即从大数据公司调取数据。这里的大数据公司是指掌握有海量个人数据的公司、企业，它们多为大型互联网公司。在为用户提供网络服务的同时，这些大数据公司经过多年的积累，也收集了用户的大量数据。在我国，大数据公司的典型代表有百度、腾讯、阿里巴巴等，百度掌握有全国大量用户的网络搜索数据，腾讯公司掌握有海量的用户社交数据，阿里巴巴公司则掌握着用户的交易数据。

大数据时代，数据主体与数据持有者往往发生分离，个人所持有的数

[1] 图片来源于微信应用。

据是有限的，而大量的个人数据都由大数据公司所掌控。在这一趋势下，持有海量数据的大数据公司便逐渐成为犯罪侦查取证的重要来源。人们越来越多的日常行为开启了“互联网+”模式，具有“一次行为，多个节点”的特征，即同一个行为不仅在用户个人的设备终端中留下数据记录，在大数据公司的服务器中也留有相关数据。以网络购物为例，网购记录不仅存在当事人的手机、电脑等操作设备上，在网络服务商的服务器中也留存有相应的数据；还有一部分特殊的数据只有网络服务商才有，例如用户的cookies 记录。相比于用户所拥有的零散数据，这些大数据公司由于技术上的优势可以更为全面系统地掌握用户的海量数据。[1]

那么，这些大数据公司到底掌握有哪些个人数据呢？就以上述的我国三大互联网公司为例，它们所获取的数据具体分为以下两类：一类是用户所提供的数据。包括用户的个人身份信息，如姓名、年龄、地址、性别、电话、证件号码等；用户在使用产品或服务过程中所存储、提供的信息，如聊天内容、邮件内容、私信内容，社交空间存储、发布的照片、文字等内容。另一类是网络平台服务商所主动获取的数据。具体有日志数据，即用户在浏览网站过程中被抓取的一些信息，如搜索记录、IP 地址、所访问服务的网页、设备或软件的类型、使用的语言、访问时间等；地理位置数据，如在移动终端使用 APP 时被获取的位置信息；通讯信息，通讯过程中所产生的账号、时间、联系人等信息；其他元数据，如上传照片中所含有的日期、时间、地址等信息。[2]

目前，实务中越来越多的司法机关、行政机关、国家安全机关等开始意识到大数据公司的数据价值，并纷纷向其调取相关数据。就司法机关而言，在刑事诉讼中，调取数据的有公安机关、人民检察院和人民法院。具体到侦查环节，侦查人员向大数据公司调取数据主要有以下

[1] 王燃：《大数据时代个人信息保护视野下的电子取证》，载《山东警察学院学报》，2015(5)。

[2] 参考百度、腾讯、阿里巴巴隐私政策中所提供的数据内容。王燃：《大数据时代个人信息保护视野下的电子取证》，载《山东警察学院学报》，2015(5)。

两种形式。[1]

一是个案侦查中的数据调取。2016 年“两高一部”出台的《关于办理刑事案件收集提取和审查判断电子数据若干问题的规定》第 3 条明确规定了大数据公司向公检法机关提供数据的义务；[2]《刑法修正案（九）》中新增了“拒不履行信息网络安全管理义务罪”，规定网络服务提供者不履行法定义务，致使刑事案件证据灭失，情节严重的，则有可能会接受刑法制裁。此外，以下原因也促使了大数据公司的数据成为新的侦查资源：①诉讼方便的需求。在有些案件中，基于案情保密的需要，不宜直接通过数据主体取证，如职务犯罪的初查阶段基于保密需要就不能惊动当事人；还有些案件中，难以联系到数据主体。这些情况下掌握同样数据的大数据公司就成为最合适的取证来源。②个人数据丢失。有些情况下，数据主体的电子设备或网络中的相关数据已经被删除或是丢失，或者是恢复数据需要巨大的成本。此时大数据公司也是合适的取证来源。③证据印证的需求。证据印证是指对于同一待证事实需要有两个及两个以上的证据予以证明，孤证不能定案。在具体的个案中，电子证据除了与传统证据相印证外，电子证据本身也可以相互印证，尤其是网络空间的电子证据，可以与单机中的电子证据形成多重节点的印证。例如 A 发给 B 的一份电子邮件，首先在 A 和 B 的电脑或手机等终端会留有文本或是相关阅读痕迹；其次这封邮件还存在于两人的网络邮箱中；最后在网络邮箱服务商的后台数据中也有记录，这些节点中的“邮件”可以形成相互印证的电子证据体系。因而，有时基于证据印证的需求，也需要从大数据公司提取数据。[3]

---

〔1〕 参考百度、腾讯、阿里巴巴隐私政策中所提供的数据内容。王燃：《大数据时代个人信息保护视野下的电子取证》，载《山东警察学院学报》，2015(5)。

〔2〕《关于办理刑事案件收集提取和审查判断电子数据若干问题的规定》第 3 条：人民法院、人民检察院和公安机关有权依法向有关单位和个人收集、调取电子数据。有关单位和个人应当如实提供。

〔3〕《关于办理刑事案件收集提取和审查判断电子数据若干问题的规定》第 3 条：人民法院、人民检察院和公安机关有权依法向有关单位和个人收集、调取电子数据。有关单位和个人应当如实提供。

二是侦查机关与大数据公司的数据共享协作。司法机关与大数据公司开展共享协作,是近年来非常流行的司法战略模式,不少地区的公、检、法机关开始与大数据公司开展数据共享战略。司法机关通过利用大数据公司数据资源、数据分析技术,来推进司法工作的开展。侦查机关和大数据公司的数据在共享、融合后,往往会发生“1+1>2”的化学反应,尤其是对于犯罪活动的预防、打击工作能起到巨大的作用。例如2013年12月,深圳市公安与腾讯公司成立了“天下无贼反信息诈骗联盟”,侦查人员识别了大量犯罪行为之间的联系、发现了大量犯罪活动的线索;通过对诈骗分子的网络行为、行踪轨迹、消费数据等的重组,警方还实现了对网络诈骗行为的实时监测、拦截和打击。[1] 再如2016年2月,南京市公安与腾讯公司展开合作,为秦淮灯会提供安全保障。南京市公安利用腾讯的热力地图,结合该市历史同期人流数据,准确预测了2016年秦淮灯会期间市区人流的分布特征,为勤务指挥、现场调度提供依据。[2]

第八节 本章结论

本章主要从技术角度介绍了大数据侦查中的常用方法,主要包括数据搜索、数据碰撞、数据挖掘、数据画像、犯罪网络分析,这几种方法也有着各自的特征。首先,方法的难易程度各不相同。数据搜索和数据碰撞两种方式相对简单,因而这两种方式在侦查实务中运用也比较广泛,技术也相对成熟。而数据挖掘、数据画像以及犯罪网络分析这几种方法主要是随着大数据时代的到来而进入人们的视野,在侦查实务中的运用尚未完全成熟,但随着大数据技术的发展,它们也必将拥有广泛的应用前景。其次,各方法的功能、作用不同。数据搜索、数据碰撞主要是为了从海量的数据中去

---

〔1〕《深圳打造智慧城市 打击信息诈骗看好腾讯大数据》,载南方网 http://www.cww.net.cn/UC/html/2015/6/18/20156181548289083.htm,最后访问时间:2016年9月29日。

〔2〕 腾讯研究院:《南京市公安局与企鹅合体,用的是什么“姿势”》(非出版物),2016年9月30日。

寻找与案件相关的数据，正如大数据领域一个非常著名的比喻“从干草堆中寻找一根有用的针”。在这一过程中大数据方法仅仅是起到媒介、方法的作用，所获取的数据结果仍然是数据的原本样态。而数据挖掘、数据画像及犯罪网络分析的主要任务则并非是从海量数据中去寻找某个数据，而是以海量数据为基础进行二次分析，所获取的结果已经不再是数据原本的样态，而是对数据背后规律的挖掘，如人的行为轨迹、兴趣爱好、人物特点、人物关系等，能够为犯罪侦查提供更有价值、更深层次的信息。另外，在大数据时代，侦查机关不能忽略大数据公司的重要作用，无论是个案侦查中去大数据公司调取数据，还是与大数据公司开展数据共享合作，其海量的数据源、成熟的数据挖掘技术，都能够为侦查机关预防、打击犯罪提供有力的帮助。

在具体的犯罪侦查过程中，侦查人员要根据案件情况和侦查资源去选择合适的大数据方法，也可以综合运用多种方法。一般在案件侦查初期，知道嫌疑人的基本身份信息后，可以利用侦查机关数据库以及社会数据库，对其进行基本的数据画像；在掌握基本信息之后，侦查人员可以采取数据碰撞技术去获取案件相关时间、地点、轨迹、人物等信息；如果能够获取嫌疑人话单或者是手机、电脑数据，侦查人员则可以借助分析软件进行大数据挖掘，获取有关其行为规律、兴趣爱好等深层次信息。另外，当侦查机关所获取的数据资源、数据技术有限时，不要忘记向大数据公司寻求帮助。

不过，任何一种新的技术在进入人们生活后，往往都会带来新的法律问题。大数据技术在带来侦查方法革新、促进侦查效率提高的同时，同样也会产生新的法律问题。大数据侦查对诞生于小数据时代的传统侦查程序、权利等会带来一定的影响和冲击，如何去发现并回应这些问题将在下一章节讨论。

第六章　大数据侦查的制度构建

大数据作为新的技术，对传统侦查在思维、模式、方法等各方面都带来了变革，为侦查领域注入了新的血液。但是，在大数据侦查技术发展的过程中，如果不加以规制，也会带来一系列问题，例如大数据挖掘对个人信息权的侵犯，大数据技术对正当程序的冲击等。另外，目前我国的大数据侦查配套机制还很不健全，数据壁垒现象仍然严重，相关技术设施尚不到位，大数据公司的地位及权利义务应当如何分配也尚不明朗。本章拟从实体权利保障、程序权利规制及配套机制的角度，对上述问题作出回应。

第一节　大数据侦查的权利保障制度

但凡提到大数据，都避不开隐私权的问题。大数据在为人类带来新的生产资源和生产力的同时，也对个人隐私权带来前所未有的危机，甚至有“大数据时代无隐私”的论断。不过，诞生于小数据时代的个人隐私权在大数据时代逐渐有了新的权利内容，传统的隐私权内涵无法承载这些新变化，个人信息权应运而生。[1] 本节就个人信息权的角度出发，探讨大数据侦查与个人信息权之间的冲突，以及如何去协调二者之间的关系。

一、大数据侦查对个人信息权的冲击

随着大数据技术在侦查领域的运用，我们往往会产生这样一种担忧：

---

〔1〕 也有很多文章是探讨大数据与隐私权之间的关系，本文斟酌后还是从个人信息权的角度去分析二者的关系。隐私权与个人信息权之间固然有交叉重合之处，但是笔者认为传统的隐私权在大数据时代已经有了新的变化及范畴，而传统的隐私权内涵无法承载这些新变化，因而选用“个人信息权”更为合适。

我们有多少个人数据掌握在侦查机关手中？我们的一言一行是否时刻都被监控？我们电脑、手机中的数据日后是否都可能成为潜在的“犯罪证据”？在大数据时代，犯罪侦查对我们个人数据“入侵”的界限何在呢？带着这些疑问，本节来探讨大数据侦查与个人信息保护之间的利益博弈。

（一）法理视角：大数据侦查与个人信息权的博弈

1. 个人信息权概述

个人信息最早是通过隐私权来保护的。在前信息化时代，个人数据的量还不多、价值也还未体现，对信息的传播范围、传播速度都是有限的，因而往往将其纳入隐私保护的范畴，个人信息权的概念并未成形。随着信息化时代、大数据时代的到来，个人信息所承载的功能和价值日益凸显，即使是扩张解释的隐私权也已经不足以涵盖个人信息的范围了。概言之，隐私权是对物理空间中人们口耳相传能力的限制，而对于网络时代信息传播的范围和速度，隐私权的对抗能力则捉襟见肘，〔1〕个人信息权的独立价值逐渐开始体现。很多国家已将个人信息权作为独立的权利予以规制，例如德国在1983年提出了“信息的个人自决权”概念，美国学者提出了“数字化人格”的概念。〔2〕个人信息保护的法律框架也开始建立，如欧盟自20世纪90年代以来出台了《个人数据保护指令》（1995年）、《隐私与电子通信指令》（1997年）、《数据留存指令》（2006年）、《一般数据保护指令》（2012）等一系列针对个人信息的专门法规；美国则是将个人信息的保护分散到各个行业法当中，如《网上儿童隐私保护法》《电子交流隐私法》《计算机欺诈与滥用法》《家庭教育和隐私法》等单行法；〔3〕日本在2003年5月出台了《个人信息保护法》，〔4〕2015年9月3日又对《个人信息保护法》进行了全面的修订。〔5〕

---

〔1〕 汤强：《信息化背景下侦查权能的扩张与转型》，载《净月学刊》，2014(2)。

〔2〕 郭瑜：《个人数据保护法研究》，87～88页，北京，北京大学出版社，2012。

〔3〕 廉霄：《从民法视角看隐私与个人信息保护的制度安排》，载《黑龙江省政法管理干部学院学报》，2010(8)。

〔4〕 李丹丹：《日本个人信息保护举措及启示》，载《人民论坛》，2015(4)。

〔5〕 王燃：《大数据时代个人信息保护视野下的电子取证》，载《山东警察学院学报》，2015(5)。

个人信息是指任何能够识别出自然人的信息,既包括直接信息,也包括间接信息。[1] 一般来说,能够直接识别自然人的信息包括姓名、身份证号、电话号码、护照号码、指纹、DNA 数据等;除了直接识别自然人的数据外,一些看似与自然人无关的数据在特定情境下也能够指向具体个人。尤其是在大数据时代,即便是去除个人身份信息的匿名数据,通过数据挖掘技术,最终仍然能够指向具体的个人。关于个人信息的概念,还有几个问题需要厘清。[2]

一是个人信息与个人数据之区分。有学者曾经对个人信息与个人数据进行过区分,认为信息是指加工过的数据,个人信息比个人数据涵盖的范围要广。[3] 笔者认为,无论是"个人信息"还是"个人数据"都只是称呼上的差别,有些国家习惯于使用"个人数据"(欧盟),有些国家习惯使用"个人信息"(中国、日本、韩国、俄罗斯等国),还有些国家习惯于将个人信息纳入隐私保护范畴(美国、澳大利亚、加拿大等国),我国台湾地区则称之为"个人资料"。从字面意思严格讲,个人信息与个人数据确实有差异,但就其所包含的客体、权益等实质内容来看,二者应当是同一意思。名称的不同与各国的语言习惯及法律背景有关,如美国之所以用隐私权来保护个人隐私,是因为其本身隐私权的范围就很广。[4] 在本文中,个人信息与个人数据具有同样的内涵,不加以区分。[5]

二是个人信息权与隐私权之区分。尽管早期个人信息是通过隐私权来保护的,但是个人信息权与隐私权是两种不同类型的权利体系,在信息化时代个人信息权具有完全独立的内涵。个人信息是指任何能够识别出自然人的直接或间接信息,而隐私权则强调公民的私人生活不被干扰,个

---

〔1〕 石佳友:《网络环境下的个人信息保护立法》,载《苏州大学学报》,2012(6)。

〔2〕 王燃:《大数据时代个人信息保护视野下的电子取证》,载《山东警察学院学报》,2015(5)。

〔3〕 梅绍祖:《个人信息保护的基础性问题研究》,载《苏州大学学报》(哲学社会科学版),2005(2)。

〔4〕 王利明:《个人信息权的法律保护——以个人信息权与隐私权分界为中心》,载《现代法学》,2013(7)。

〔5〕 王燃:《大数据时代个人信息保护视野下的电子取证》,载《山东警察学院学报》,2015(5)。

人秘密不被非法收集和传播;[1]个人信息中有相当一部分是公开的信息,不涉及个人隐私,而个人隐私除了以信息形式表现之外,还包括生活安宁和生活秘密领域;隐私权主要是一种消极的、防御性、静态的权利,而个人信息权主要是一种积极的、控制性、动态的权利,强调对个人信息的利用及控制;此外,二者在权利客体、权利内容等方面都有不同之处。不过二者之间也有很多交错重合之处,个人信息中相当一部分会涉及个人隐私,而个人隐私中也有相当一部分是以信息形式所呈现的。[2]

2. 个人信息法律保护的真空地带

目前,我国侦查领域的个人信息保护尚处于法律真空状态。一方面,个人信息保护本身的法律体系尚不完善。另一方面,刑事诉讼法体系中没有涉及个人信息保护的内容。这种“两不管”的状态,造成了侦查领域个人信息保护缺失的法律现象。

(1) 个人信息保护法的缺位。长久以来,我国一直没有专门的个人信息保护法,实务中若有此类案例也往往将其纳入隐私权的保护领域。[3] 目前有关个人信息保护的法律大都零散分布在一些部门法的条款中,如《民法通则》《刑法》《邮政法》《刑法修正案(七)》《刑法修正案(九)》等。有学者统计,我国共有 100 多部有关个人信息保护的法律法规,涉及金融、医疗、网络等近二十个领域。[4] 近年来,尽管也出现了一些与个人信息有关的法律文件,但大都处于较低的法律位阶,如 2012 年颁布的《全国人大关于加强网络信息保护的决定》,2013 年国家标委会颁布的《信息安全技术公用及商用服务信息系统个人信息保护指南》, 2013 年工信部颁布了《电信和互联网用户个人信息保护规定》,2014 年中国科学技术法学会和北京大学互联网法律中心颁布了《互联网企业个人信息保护测评标准》。这些法律法规及指

---

〔1〕 王利明:《隐私权概念的再界定》,载《法学家》,2012(1)。

〔2〕 王燃:《大数据时代个人信息保护视野下的电子取证》,载《山东警察学院学报》,2015(5)。

〔3〕 我国的“cookies 第一案”,北京百度网讯科技公司与朱烨隐私权纠纷案,(2014)宁民终字第 5028 号。

〔4〕 安小米等:《我国涉及隐私的个人信息保护与管理法律法规状况及要求分析》,载《北京档案》,2011(5)。

导性文件构成了我国目前个人信息保护的法律体系，但仍不足以构建起个人信息保护的基本法律制度，仅有的几部专门性法规效力也都不高。[1]

(2) 刑事诉讼法领域对个人信息保护的缺位。现行刑事诉讼法中构建于前信息化时代，其主要适用场域是现实的物理空间，所关注的权利主要还停留在人身权、财产权以及自由权等权利，相关的侦查程序规制主要也是针对上述权利的保护。[2] 刑事诉讼法对产生于互联网时代、大数据时代的个人信息权的关注还处于缺失状态，即使有个别相关规定，主要也还停留在隐私权的层面。并且大多数规则是要求侦查人员对所获取的个人信息保密，而并没有从侦查行为本身去规制对个人信息的处理。例如《刑事诉讼法》第52条第3款规定对涉及个人隐私的证据应当保密，第150条第2款也有类似规定。总之，目前我国刑事诉讼法体系尚还未构建起信息领域的适用规则，加之传统规则在信息空间的不适应性，造成了个人信息保护与大数据侦查之间严重脱节的现象。

在个人信息保护的法律体系中，涉及的主体有个人信息主体、个人信息管理者以及个人信息处理者。个人信息管理者是个人信息保护体系中最为关键的角色，其掌握着大量的个人数据，并决定个人数据的加工、分析、流转等具体处理方式；同时，个人信息管理者也承担最主要的个人信息保护义务。当侦查机关展开大数据侦查时，必然要对个人信息进行加工、处理，理所当然地成为“个人信息管理者”。但是，相比于一般的个人信息管理者而言，侦查机关基于国家公权力职能行使的需要，享有一定的豁免权，这在我国现有的、有关个人信息保护的法律法规中都有所体现。[3]

然而，豁免、例外并非是没有边界的，侦查机关对个人信息的收集利用

---

[1] 王燃：《大数据时代个人信息保护视野下的电子取证》，载《山东警察学院学报》，2015(5)。

[2] 《刑事诉讼法》第2条中将“其他权利”作为兜底条款，理应包括个人信息权。

[3] 例如我国《互联网电子邮件服务管理办法》第2条、第10条的规定。再如2013年《信息安全技术公用及商用服务信息系统个人信息保护指南》中一开始就将其适用范围排除了政府机关等机构。2014年中国科学技术法学会和北京大学互联网法律中心颁布的《互联网企业个人信息保护测评标准》中多次将维护公共安全、紧急避险、行政机关依据法律作出的强制行为、司法机关依据法律作出的决定、裁定或判决等情形排除在适用范围之外。

与个人信息保护的界限到底在哪里？对此，我国个人信息保护法领域和刑事诉讼法领域都没有明确的规定。法律中的真空地带无形中为侦查权的行使留下了非常大的空间，在侦查中个人信息面临着没有保护的“裸奔”风险。实际上，个人信息保护法诞生的初衷就是为了规范政府的数据处理行为，如美国1974年的《隐私法案》、联邦德国1977年的《个人数据保护法》，最早都是针对政府行为的。2016年欧盟新出台的《涉警务司法目的数据交换指令》还专门对刑事司法中的数据处理进行了规制，强调对犯罪嫌疑人、证人等个人信息权的保护。从法理上来说，尽管基于司法职能、行政职能的需求，政府部门、司法机关可以在个人信息保护中享有豁免权，但是并非没有界限；更何况，相比于私人机构而言，政府部门、司法机关往往掌握有更多、更重要的个人信息，对数据的处理动辄涉及公民的人身权、自由权等重要权利，一旦出现数据泄露或数据错误等情况则会造成严重后果。因此，即使公、检、法等公权力机关在作为个人信息管理者时可以享有一定的例外权限，但是仍然应当遵守最基本的个人信息保护要求。

3. 大数据侦查与个人信息保护的利益博弈

在大数据时代，个人信息利用与个人信息保护之间是一对永恒的矛盾。个人信息本身所承载的各种价值使之成为各方主体争夺的对象，进而也造成了多头利益的冲突。对于个人而言，个人信息是数据主体人格权的延伸，个人信息中包含着姓名、隐私、肖像等信息，需要对个人信息权进行保护；对于商业机构和政府部门而言，个人信息体现出如石油般巨大的经济价值、公共管理价值，成为提高商业利益和政府管理水平不可或缺的资源。在这样的时代背景下，公民个人对于个人信息保护的诉求与商业机构、政府部门对个人信息的利用之间就形成了矛盾。[1]

在大数据侦查领域，同样存在着个人信息保护与个人信息利用之间的矛盾。一方面，侦查机关基于行使打击犯罪、维护社会秩序的公权力职能，需要利用个人信息的侦查价值，包括建立海量的个人信息库以及对个人信

〔1〕 张新宝：《从隐私到个人信息：利益再衡量的理论与制度安排》，载《中国法学》，2015(3)。

息的分析、挖掘等措施；另一方面，个人信息体现着人格尊严等基本人权，当事人（数据主体）对于个人信息本身就有诉诸保护的利益。尽管基于国家打击犯罪利益的需求，个人信息权可以进行一定的让步，但这种让步也并非是无限度的。因此，就形成了个人信息保护和侦查机关对个人信息利用之间的张力。进一步说，在侦查的语境下，这对张力可以追溯到传统侦查中打击犯罪与保障人权之间的矛盾。在大数据侦查中，对个人信息利用的上位利益正是国家打击犯罪的需求，而个人信息保护的上位利益恰好又是公民的基本人权。因而也可以说，大数据侦查中的个人信息利用与保护之间的矛盾，本质上也是打击犯罪与保障人权矛盾在大数据时代的具体体现。然而，相比于一般领域的个人信息利用与个人信息保护之间的矛盾，在大数据侦查领域中，这对矛盾更具有特殊性，协调起来也更加困难。目前，鉴于打击犯罪、维护社会秩序的侦查权能的需要，笔者认为，个人信息权的保护应当做出一定让步，权利的天平要更倾向于个人信息利用这一头。

打击犯罪　vs.　保障人权

↕　　　　　　↕

个人信息利用　vs.　个人信息保护

（二）实务视角：大数据侦查对个人信息权的侵犯

上文从法理的角度分析了大数据侦查中个人信息利用与个人信息保护之间的利益博弈，这对矛盾同样体现在侦查实务中。侦查机关在数据收集、数据分析过程中，均存在着侵害个人信息权的风险。

1. 大数据“监控”

在大数据时代，我们的社会正在发展成为一个“大数据监控社会”(bigdata surveillance)，在大数据技术面前我们正成为一个个透明的人：我们平时在公共场所的行动都被数以万计的监控视频记录下来，我们的乘车出行信息、旅馆住宿信息存储在数据库中，通讯信息存储在运营商服务器中，网络空间社交、购物、消费等一言一行都被网站后台所记录，等等。更令人担忧的是，这些海量的个人数据都有可能成为犯罪侦查的潜在资源。

具体而言，大数据监控包括国家大数据监控和大数据公司监控两大类型。

(1) 国家大数据监控。在大数据时代，越来越多的国家开始致力于收集公民的个人信息，建立海量的公民信息库，甚至建立所谓的国家大数据中心。国家大数据监控的典型代表莫过于美国，美国在20世纪60年代就提出过要建立"中央数据银行"，建立全国所有公民的数据档案；2002年又提出建立"万维信息触角计划"，企图搜集公民海量的数据并进行数据挖掘，所幸的是这两个计划都未实行。在"9·11"事件之后，美国启动了"元数据"项目，美国国家安全局(NSA)采集互联网中的元数据，对象涉及美国及境外公民，几乎记录了世界所有网民的网络足迹。2004年，美国国家安全局(NSA)还发起过名为"星风计划"的项目，棱镜计划就是其下的子项目之一。[1] 美国的大数据监控项目得到了很多私人企业、公司的帮助，通过它们的服务器和路由器，美国政府可以对任何数据进行监控。正如NSA首长General Keith Alexander所说，为了在干草堆中找到针，就需要拥有所有的干草。[2] 日本政府的大数据监控来源于其"共同番号制度"。日本政府在2015年实行了"共同番号"制度(My Number)，政府分配给每位公民一个独一无二的12位数号码，并通过这个号码去收集相关个人信息。养老、医疗、保险等涉及民生的六个领域都统一使用同一账号，在未来个人番号还将与银行账号、信用积分等信息挂钩。[3] 这一制度已经引起了日本国民的担忧。

实际上，我国侦查机关所建立的各大数据库、数据平台，某种程度上也可以说是一种大数据监控。2003年我国启动了"金盾工程"任务，公安系统建立了全国人口基本信息资源库、全国机动车与驾驶人信息资源库等八大基础信息库，掌握全国公民的重点信息。不同地区的公安机关也在建立自有的信息数据库，如一般各个地区的公安机关都会建立DNA数据库、暂住

---

〔1〕 李军：《大数据——从海量到精准》，131～137页，北京，清华大学出版社，2014。

〔2〕 See Miller, Kevin, "Total Surveillance, Big Data, and Predictive Crime Technology: Privacy's Perfect Storm", *Journal of Technology Law & Policy*, 1 (2014), pp. 105-146.

〔3〕 孙晓柳：《日本〈番号法〉探究》，载《长春理工大学学报》，2014(8)。

人员信息库、旅馆住宿人员信息库、车辆违章信息库、网吧上网人员信息库、枪支管理信息库等，从而保证对全国重点人、物及场所的管控。司法实务中，侦查机关开始出现将各个数据库进行串并、综合运用的做法，如某市公安局建立了“防控一体化”大平台，实现一键式查询，通过系统平台便可以快速获取某个人的全面信息。

（2）大数据公司的大数据监控。实际上，大数据公司对于公民数据的监控并不亚于政府部门、司法机关，它们同样会成为大数据侦查的数据来源，甚至大数据公司所采集的个人数据比侦查机关的数据更具有私密性和及时性。网络公司在提供服务的同时，会对用户的个人身份信息、行为轨迹、交易情况、聊天内容等都进行了记录与保存。[1] 随着大数据的发展，还出现了专门的大数据交易所甚至是数据交易商务平台，如贵阳大数据交易中心、长江大数据交易所都是将大数据作为商品进行交易，而诸如“数据堂”这样的电商平台，[2]则是直接将大数据作为商品在网上销售。[3]

大数据监控作为大数据侦查环节中的上游行为，仅仅是数据的采集，尚不涉及数据的具体使用行为。但即便是静态的数据监控，也会对个人信息权产生巨大的危害。首先，“大数据监控”中含有大量涉及个人隐私的数据，一旦造成泄露则后果不堪设想。如某些侦查机关建立的大数据平台，汇集了公民的人口基本信息、住店信息、车辆信息、婚姻信息等全面的数据，能够清晰反映一个人的完整生活轨迹；大数据公司收集的用户数据中，包含有大量涉及个人隐私的内容甚至是敏感性数据，如个人身份信息、聊天信息、邮件信息、通讯信息、地理位置信息等。其次，大数据监控本身就会对公民的人格独立和人格尊严形成威胁，会使公民产生一种不安的心理状态。[4] 作为数据主体，我们却并不知道与自己产生了哪些数据、有多少数据被收集、被哪些部门所收集以及数据的使用途径。人非圣贤孰能无

---

〔1〕 王燃：《大数据时代个人信息保护视野下的电子取证》，载《山东警察学院学报》，2015(5)。

〔2〕 数据堂旗下的数据商城（http://www.datamall.com/），出售交通、图像、生活、地理、视频等多种类的数据商品。

〔3〕 但这些数据交易平台一般都声明，用以交易的数据都已经过清洗，将个人信息隐匿去。

〔4〕 郭瑜：《个人数据保护法研究》，101页，北京，北京大学出版社，2012。

过，每个人或多或少也会留下一些“污点数据”，而这些数据很有可能成为侦查的决策依据，大数据监控技术如同达摩克利斯之剑悬在头顶。另外，大数据时代的社会已经丧失了遗忘的能力，一旦在网络上留下数字化痕迹信息，便打上了永远的烙印，很难被抹去。

2. 大数据的深度利用

如果说“大数据监控”是运用个人信息的上游行为，那么处理、分析数据则是运用个人信息的下游行为。相比于传统信息化侦查中对数据的利用，大数据侦查在数据利用的宽度和深度上都有了大幅度提高，对个人信息权带来了更大的威胁。

在传统侦查中对于个人信息的运用，无论是信息化侦查还是电子取证，大都属于较为简单“找数据”的功能，仅仅能够获取单一维度数据的表面信息。这种传统的数据分析尽管也会对个人信息权带来一些不利影响，例如会涉及与案件无关的个人隐私类信息，但是毕竟对个人信息利用的广度和深度都不大。但是大数据时代的数据挖掘技术则完全突破了这一模式：①可供分析的个人信息数量增多，引发个人信息保护风险。现在侦查机关所构建的大数据平台，能够将个人所有信息汇集到同一个系统中，通过共享机制甚至还纳入社会数据信息，未来随着数据化进程的加快，还会有更多的数据纳入侦查机关的大数据平台。侦查机关对于个人数据不再是原本简单的查询功能以及在单一维度上获取数据，而是通过大数据技术将多维度的个人数据组合到一起。虽然这些个人数据分开来看可能都不会对个人隐私构成威胁，然而一旦组合到一起则能够轻易地还原出一个人的生活工作状况、行动轨迹以及人际关系，进而反映出大量个人隐私，正所谓量变引起质变。②数据分析的深度加强，引发个人信息保护风险。相比于传统侦查中仅获取数据的表层信息，大数据侦查对个人信息更强调二次利用、多次利用。侦查人员可以基于不同的主题任务来对同一数据进行多次挖掘，数据的价值并不会因此而流失。但数据的二次利用也给个人信息权、个人隐私带来了新的风险。很多看起来与隐私无关信息，在大数据挖掘技术的威力下，就能够得出大量有关个人隐私的信息，这些数据往往反映了人的某些行为特征、兴趣爱好、习性、人物关系等，机器对个人信息的挖掘甚至比信息主体对自己的了解还要深入。

3. 个人信息安全风险

这里信息安全主要是指个人数据安全，个人数据安全也是个人信息权的组成部分，强调个人数据处于安全、不受侵犯与攻击的状态。个人信息安全在当下具有迫切的现实意义，我国乃至全世界个人数据泄露事件频频发生，例如，2010 年 Google 遭遇黑客入侵，20 余家企业的数据受到影响，中国用户 Gmail 邮箱数据被暴露，2013 年有 1.52 亿 Adobe 用户的个人信息被窃取。[1] 我国即将出台的《网络安全法（草案）》中也重点强调要保障个人信息安全。

大数据侦查中，个人信息安全同样有可能面临着来自以下的漏洞、风险：①基础设施漏洞，关键基础设施是个人信息存储、处理及流转的基础环境，如果基础设备、基础设施运行出现问题，则会给个人数据安全带来物理性的损坏；②网络系统漏洞，系统漏洞会给黑客等不法分子留下可乘之机；③犯罪分子的恶意攻击，很大一部分个人数据泄露是由于网络黑客的恶意攻击，他们有些出于彰显个人技能的需求，更多是出于竞争利益冲突或是商业驱动需求；④内部人员的恶意行为，很多单位由于业务需求会建有用户数据库，尤其是随着互联网、电子商务的发展，越来越多的网络服务、网络购物平台掌握有大量消费者信息，一些内部工作人员经不住利益的诱惑，往往会将其所掌握的用户信息卖给犯罪分子。有人根据对中国裁判文书网上“出售、非法提供公民个人信息罪”判决书的统计，发现泄露个人信息的源头多来自于公安机关、代理公司、交警及金融机构等。[2]

在大数据侦查过程中，同样需要收集、存储及分析个人信息，一般个人信息安全所面临的风险，大数据侦查中也都有可能遇到，况且犯罪侦查的

---

[1] 参见“盘点：五年十大严重信息泄露事件”，载新浪网 http://tech.sina.com.cn/s/2014-07-25/07569516508.shtml，最后访问时间：2016 年 9 月 30 日。

[2] 参见：《你的个人隐私，就是这样被“内鬼”卖掉的！》，载网易财经网 http://money.163.com/16/0909/12/C0H900BF002580S6.html，最后访问时间：2016 年 9 月 25 日。

个人信息往往都涉及更为私密的个人信息，如历史犯罪数据、身份数据、通信数据、经济数据等，因而个人信息安全面临的风险也更为严峻。一旦大数据侦查中相关信息泄露或是遭到恶意攻击，不仅仅会对个人相关权益造成侵害，对整个司法程序甚至国家安全都会带来严重威胁。例如 2016 年 8 月，我国山东女孩徐玉玉因电信诈骗而致死的事件引起了全社会的关注，而这背后的源头就是个人信息被泄漏。另外，在大数据侦查过程中，由于牵涉数据共享、数据深度挖掘等新的机制，要谨防在机制建设过程中所产生的新的安全风险。

二、大数据侦查中个人信息权的保障制度

不少学者提出大数据时代要加强个人隐私保护。然而，在大数据时代，传统的隐私保护模式会失效。以往的隐私保护采取的是"告知与许可"的模式，权利保护着眼于数据收集环节，相关义务和责任在数据收集者，但对之后数据的使用环节却并没有规制。在大数据的分析模式下，这种传统的"告知与许可"模式已经难以发挥作用，因为数据的主要价值主要体现在数据分析使用环节，究竟哪些数据涉及隐私、哪些隐私会被暴露出来，在数据收集环节是不得而知的。因此越来越多的学者提出，大数据时代要建立一个不同于过去的全新隐私保护模式，由数据使用者来承担个人信息保护的义务和责任，加强对数据挖掘分析，尤其对是二次挖掘分析行为进行规制。但是这样一来，又不可避免地会限制大数据价值的发挥。

在侦查语境中，需要结合个人信息保护和侦查程序的基本规则，寻求个人信息利用和个人信息保护之间最佳平衡。在个人信息保护的基础上，最大程度发挥大数据的侦查价值。鉴于现阶段处于大数据侦查的初建时期，很多技术、方法还有待开发，因此权益的天平可以适当偏向于个人信息利用一端。与此同时，也要突破传统隐私保护的窠臼，将法律规制的重点放在数据分析使用环节，强调信息主体对个人数据的控制，保障数据主体的知情权、查询权、修改权及删除权等权利。本文拟构建大数据侦查语境中的个人信息保护制度，以填补我国个人信息保护法和刑事诉讼法中间的真空地带。

（一）审查批准原则

这里所说的审查批准原则本意想借鉴西方的司法审查原则，司法审查原则强调对涉及个人自由、财产、隐私等权益的侦查活动，由法院或其他司法机构进行审查。[1] 但是我国并没有司法审查原则适用的土壤，在涉及公民相关自由、财产等权利的事项时，一般采取由领导或上级部门审批的方式。在大数据侦查中个人信息的收集、使用涉及公民的隐私权、个人信息权、人格尊严等权利，个人信息的来源及使用行为同样应当具有合法性，因而应当可以通过审查批准制度来保证所获取的个人信息合法有效。

对此，又可以进一步分两种情况讨论。①在个案发生后，侦查机关基于破案的需要，会向大数据公司、社会企业等第三方调取相关的个人数据，其实质上是一种取证行为。根据《刑事诉讼法》第 52 条的规定，单位和个人有如实提供证据的义务。然而，目前实务中侦查机关向第三方调取个人数据的程序尚比较混乱，不同第三方对于调取数据的程序要求不尽一致。例如在向银行等机构调取数据时需要履行由司法机关负责人签字的严格审批程序，而在向电信部门调取通话数据时则无须履行如此严格的程序；向有些第三方调取数据时需要出示《调取证据通知书》等司法文书，而向有些第三方调取数据时出具一般的单位介绍信即可。因此，笔者建议在向第三方调取个人数据时，建立统一的审查批准制度，侦查人员出具由司法机关负责人签字审批的《调取证据通知书》等司法文书，并列明调取事由、对象及调取范围。从而有效地规范侦查权的合理运用，保障公民个人信息权。[2] ②然而，脱离个案侦查情况，侦查机关在一般数据库建设中也需要获取海量的公民个人信息，尤其在国家大数据战略下，各个侦查机关都在兴建大数据平台，积极寻求与其他部门的数据共享合作。那么，在此过程中，侦查机关所获取的海量公民个人信息，其合法性依据又何在呢？从侦

---

〔1〕 陈瑞华：《刑事诉讼的前沿问题》，284 页，北京，中国人民大学出版社，2011。

〔2〕 2016 年“两高一部”颁布的《关于办理刑事案件收集提取和审查判断电子数据若干问题的规定》中，第 13 条对调取电子数据的程序做了简要的规定。

查机关角度出发，收集的公民信息越多则越有利于侦查工作；而从公民角度出发，侦查机关所掌握的数据越多，则越是会造成心理上的恐慌、担心，对个人信息权带来威胁。正如有学者所言，大数据时代政府已经成为个人信息管理者和利用者的双重角色，但是政府不能无节制地收集和利用个人信息，个人信息保护的发展始终伴随着对政府权力的限制。〔1〕因此，笔者认为可以通过审查批准原则来赋予侦查机关在个案之外收集公民个人信息、建立数据库的合法性，但这里不宜由侦查部门自己来决定收集公民个人信息的合法性。至于由哪个机关负责审查，或许可以仿照日本“特定个人信息保护委员会”、德国“个人资料保护委员会”这样的机构，〔2〕由专门的第三方组织来负责对政府或司法机关收集、利用公民个人信息的行为进行监督。在侦查机关建立涉及公民个人信息的数据库以及与其他部门进行数据合作共享之前，应当报第三方机构审查批准，以获得合法的授权。

（二）个人参与原则

个人参与是个人信息保护法中的一项重要基本原则，是指数据主体对其数据收集、处理情况享有知情的权利，以及要求查询、修改个人数据的权利。数据收集者应当向数据主体说明数据的收集、使用情况；数据主体有权利向数据处理者查询自己数据的处理情况；当发现数据有错误时，数据主体可以提出修改、删除等要求。〔3〕在大数据侦查中构建个人参与原则，同样可以分两种情形讨论。

(1) 在个案侦查中，基于侦查的保密性，个人参与原则应当受到一定的限制，但仍可以通过传统的侦查程序来行使个人参与的权利。如通过阅卷权来知悉个人信息的使用情况，通过辩护权对错误的个人信息提出修改、删除的请求。

---

〔1〕 张新宝：《从隐私到个人信息：利益再衡量的理论与制度安排》，载《中国法学》，2015(3)。

〔2〕 中立的第三方，具有公法机关地位，对政府收集、利用个人信息的行为进行监督。

〔3〕 王燃：《大数据时代个人信息保护视野下的电子取证》，载《山东警察学院学报》，2015(5)。

(2) 在一般的个人信息数据库建设中，同样应当赋予公民一定范围内的参与权。在不影响侦查工作展开的前提下，不妨以公告形式告知公民一定范围内数据的收集范围及使用目的，[1]从而保证公民对个人信息的知情权。如《德国联邦个人资料保护法》《美国隐私法案》都规定了国家机关在收集个人信息时，应当保障信息主体的知情同意。同时，在不影响侦查工作的情况下，应当开通一定的查询渠道，确保公民能够查询到自己的有关个人信息，对于错误、过时的数据，公民应该及时通知相关机关修改、删除。[2] 如日本的“共同番号制度”(my number)中，政府通过“番号”对公民信息开展全面采集，公民个人可以在政府专门网站上查询到自己到底有哪些信息被政府收集了，番号被哪些单位所使用及使用的原因，这就很好地保障了信息主体的参与权。

（三）比例原则

比例原则实则来源于个人信息保护体系中的“有限处理原则”，管理者在处理个人数据的时候要秉持谦抑、克制的态度，对于数据的处理数量和处理方式都要在当初的目的范围之内。[3] 比例原则同样也是侦查程序中的一项基本原则，强调侦查人员在诉讼目的范围内采取侦查措施，从而将对公民权利的侵害程度降至最小。[4] 从某种程度上来说，个人信息保护中的有限处理原则与侦查中的比例原则实质上不谋而合。

本文中比例原则有两层含义，首先，侦查机关所收集的数据在实现侦查目的的基础上应控制在最少范围内；其次，应采用合理的技术手段收集、处理数据，不得破坏数据的完整性、真实性以及损害数据主体的其他权益。[5] 具体而言，在大数据侦查过程中，无论是收集数据还是分析、处理数据，无论针对犯罪分子还是其他公民的个人信息，都应采取对个人权益影

[1] 可以仿照网络平台“隐私权保护声明”，告知用户会收集的信息以及信息的使用情况。

[2] 不过这些公告、可以查询的数据库是有一定范围限制的，对于一些对侦查工作有重大影响的、需要保密的数据库则不宜公开。

[3] 郭瑜：《个人数据保护法研究》，170 页，北京，北京大学出版社，2012。

[4] 陈永生：《侦查程序原理论》，149～150 页，北京，中国人民公安大学出版社，2003。

[5] 王燃：《大数据时代个人信息保护视野下的电子取证》，载《山东警察学院学报》，2015(5)。

响最小的方式进行，保障个人数据的完整性、真实性和有效性；除非案件特殊要求，不得采集个人敏感信息；对数据库实行访问控制，尽量缩小可以直接接触个人信息的侦查人员范围，严格限制数据使用者和管理者的权限；在不影响案件侦查的情况下，对一些与案件无关的关键性身份识别信息可以通过加密技术、匿名化方法、代码替代等方式进行遮蔽，等到最后识别的犯罪行为及可疑犯罪分子之后再予以公开。[1]

（四）相关性原则

个人信息保护制度中有“目的明确”“目的限制”原则，要求数据在收集之前就必须要有正当的、明确的目的，在数据使用过程中也必须紧紧围绕目的来进行。在大数据侦查过程中，数据的收集、获取必须基于案件调查取证的需求或其他职能的需求，不得超出侦查机关的职能范围。数据的处理和使用也必须在侦查职能范围之内进行，与案件线索获取、证据调查相关。[2] 对于大数据侦查中获取的个人信息，例如通过数据库所查询到的犯罪嫌疑人家庭成员信息，通过数据挖掘技术所获取犯罪嫌疑人的数据画像、人际关系网、行为偏好等个人信息，仅能用于侦查的需要，不得另作他用；所获取的与案件侦查无关的个人信息、他人信息，应当及时销毁。

（五）责任及救济制度

对于在大数据侦查过程中违规收集、处理个人信息的行为，例如超出职权范围收集、分析个人信息，将个人数据用作侦查职能以外目的，违法披露个人数据等非法行为，因此而遭受侵害的数据主体可以按照《刑事诉讼法》第 47 条、第 98 条规定寻求救济。对于具体的责任人员，应当根据侵权行为的不同程度，进行相应的纪律处分、行政处分等措施，构成犯罪的，应当按照《刑法》第 253 条“侵犯公民个人信息罪”等相关罪名追究刑事责任。[3]

---

〔1〕 刘铭：《大数据反恐应用中的法律问题分析》，载《河北法学》，2015(2)。

〔2〕 王燃：《大数据时代个人信息保护视野下的电子取证》，载《山东警察学院学报》，2015(5)。

〔3〕《刑法修正案(九)》对侵犯公民个人信息罪又进行了扩充。

（六）其他制度

除了程序性规制外，还可以从数据使用权限、管理制度上来加强对个人信息的保护。首先，可以通过访问管理控制来对数据资源进行不同的访问授权，防止非授权人员进行核心数据系统。在专业侦查队伍中，可以根据每个人职能的不同赋予其相应的数据访问、使用权限，对于实务办案部门应当分配较大的权限，赋予部门管理人或主要办案人员较大的数据权限；或者按照各办案小组进行数据权限分配，例如在主任检察官制度实行之后，可以赋予各主任检察官较大的数据访问权限。其次，可以通过密钥、口令、生物识别等身份认证技术来确保数据访问人员身份的可靠性，确保用户的真实身份。[1] 保证每次登录、操作都对应到专人，每一步操作都留下数据痕迹。

第二节　大数据侦查的程序保障制度

一、大数据侦查的“黑箱效应”

黑箱效应(black box)是指对于一个系统只知道输入和输出结果，而并不了解其内部运作机制，整个过程是不透明的，一般用来形容某种算法、晶体管或者人的大脑等。[2] 在专业技术领域，很多学者将大数据决策机制比喻为“黑箱效应”，意指大数据运行、决策过程的不透明，人们只看到数据的输入和输出结果，而对其运算过程却一无所知。在这样不透明的机制中，数据的错误、数据算法的偏差无法得到纠正，甚至是专业技术人员都难以准确找到错误的根源。一旦大数据“黑箱效应”蔓延至侦查领域，将产生不可估量的后果——当事人或利害关系人(数据主体)不知道他们的哪些相关数据被采集、哪些数据被用于侦查中，不知道系统所采取的算法原理，更

---

〔1〕 张尼、张云勇等：《大数据安全技术与应用》，105页，北京，人民邮电出版社，2014。

〔2〕 维基百科“Black box”词条，载维基百科网 https://en.wikipedia.org/wiki/Black_box，最后访问时间：2016年9月26日。

不知道数据分析结果以及对他们的权益所带来的影响。

例如在美国“禁飞系统”中(No Fly System),大数据算法会将航空旅客的姓名与禁飞名单相比对,对于被“命中”的旅客,其姓名会被移送到“恐怖分子审查中心”(Terrorist Screening Center),由中心的官员来判断其有无实施恐怖活动的可能性。但是据证实,有一半被移送到审查中心的当事人都是无辜的,这里面既有数据源的错误,也有算法的错误。这些不幸被“命中”的旅客会被当局留置,需要回答当局官员提出的大量问题,花费巨大的时间、精力去解释自己是无辜的。关键问题是旅客们根本不知道自己的哪些数据记录触犯了禁飞系统的算法,往往百口莫辩。[1] 试想一下,我国若建立大数据高危分子预警系统,通过大数据算法来预测一个人有多大的概率去实施犯罪并对其采取相关的措施。在这样的机制中,一个人是否有犯罪嫌疑、是否需要被立案很大程度上要听命于大数据算法,一旦数据源或算法有误,将某人误列为高危分子或刑嫌人员,便会对他们的人身权、自由权以及人格尊严造成巨大的伤害。更可怕的是,这样大数据侦查决策机制是不透明的。当事人处于被“秘密”审查的状态,根本没有机会参与到大数据决策程序中,他们不知道自己的名字是否在“黑名单”上,也不知道到底哪条数据触碰了大数据算法系统。[2] 尽管这些问题是缘于大数据本身的技术特征,但无形中对传统诉讼中的正当程序产生了冲击和影响。[3]

“正当程序”作为现代刑事诉讼的理论基石,其最早诞生于英国的普通法, 1215 年英国《大宪章》第 39 条确立了正当程序的法条雏形。产生于英国的正当程序原则之后在美国又得到了进一步的发展,美国联邦法院确立了一整套用以保障正当程序的规则体系。“二战”之后,英美法系的正当程序原则进入国际视野,适用于更多的诉讼程序,具有开放性和包容性。[4]

---

[1] Citron, Danielle Keats, “Technological Due Process”, *Washington University Law Review*, 6 (2008), pp. 1249-1314.

[2] 民事诉讼、行政诉讼中都出现了将大数据作为证据使用的案例。

[3] See Crawford, Kate , Schultz, Jason, “Big Data and Due Process: Toward a Framework to Redress Predictive Privacy Harms”, Boston College Law Review, 1(2014), pp. 93-128.

[4] 魏晓娜:《刑事正当程序原理》,1～9 页,北京,中国人民公安大学出版社,2006。

正当程序作为刑事诉讼的基本原则，其指导性思想不仅仅体现在审判过程中，在审前的侦查及审查起诉过程中，同样要遵循正当程序原则，辩护权、禁止酷刑、保障人格尊严和保障人身自由等程序性规定都是正当程序的应有之义。正当程序的目的主要是为了保护公民的基本权益，如公平、公正、透明、参与、准确、隐私、尊严等公民的基本权利价值。〔1〕很多学者都提出过正当程序的评价标准，如美国的 Henry Friendly 法官提出了十一项正当程序评价标准，包括中立的裁判者、通知义务、提出异议权利、传唤证人、知情权、证据裁判原则、咨询的权利、记录的权利、说理解释的权利、公众参与原则、司法评价原则。〔2〕在美国的司法实务中，很多案例遵循了以下四项正当程序标准：参与原则，中立的裁决者，程序优先，权利贯穿整个诉讼程序。〔3〕

笔者认为，根据正当程序要求，在侦查中大数据“黑箱效应”至少在以下几方面不符合正当程序的要求。①程序不透明。程序不透明是大数据决策机制出现问题的根源。一是技术程序的不透明。在大数据运行过程中，数据来源、数据清洗过程、数据算法、模型参数等都处于不可知的状态，数据采集是否有偏差、数据质量是否可靠、数据模型设计是否合理都难以进行审查；二是法律程序的不透明，技术的不透明也间接造成法律程序的不透明。不仅仅是当事人及利害关系人不知道大数据侦查的数据结果及算法依据，就连侦查人员本身可能也并不十分清楚数据算法的原理。②当事人的知情权和辩护权得不到保障。在大数据决策机制不透明的情况下，当事人的知情权无法得到保障。当事人无法获悉其是否被列为高危分子或嫌疑人员、被采取侦查措施的依据何在，进而也没有机会对侦查机关的大数据分析结果提出辩解意见，况且他们根本不具备质疑“大数据”的专业知识。例如，在高危分子预警系统中，侦查人员会对嫌疑人的历史犯罪数

---

〔1〕 See Redish, Martin H.; Marshall, Lawrence C. “Adjudicatory Independence and the Values of Procedural Due Process”, *Yale Law Journal*, 3 (1986), pp. 455-505.

〔2〕 See Friendly, Henry J. “Some Kind of Hearing”, *University of Pennsylvania Law Review*, 6 (1975), pp. 1267-1317.

〔3〕 See Crawford, Kate, Schultz, Jason, “Big Data and Due Process: Toward a Framework to Redress Predictive Privacy Harms”, Boston College Law Review, 1(2014), pp. 93-128.

据、旅馆住宿数据、上网数据、交通出行数据等进行分析，并据此进行犯罪风险、概率的评断以及采取相关侦查措施。但在此过程中，嫌疑人根本不知道他们的哪些数据被侦查人员所用，这其中或许混入了他人的数据、错误的数据抑或是错误的算法，但嫌疑人由于处于完全不知情的状态，根本无从为自己辩解。③说理阐释制度得不到保障。侦查环节中的说理阐释一般用于令状制度的司法体系中，强调侦查人员对强制性侦查措施进行解释说明，以便于法官进行司法审查，也有利于当事人对侦查措施的接受。一般的说理阐释都是基于经验的事实认定以及法律适用的说明，然而，对基于大数据方法的侦查措施，侦查人员则缺乏专业的技术知识来解释说明。例如大数据结果显示，在A地区明晚有70%的概率发生盗窃罪，警方据此在A地区展开巡逻并对嫌疑人进行拦截、盘查等措施，那么警方应当能够解释这70%的数据是如何得出的；再如，高危人员预测系统根据历史犯罪数据、住宿数据、上网数据等信息计算出某人具有80%的犯罪概率，警方根据每个人危险性指数的不同来部署相关侦查措施，那么警方同样应当能够对这80%概率的数据来源、算法进行解释说明。

二、大数据侦查的正当程序规制

越来越多的学者认为要从程序的角度对大数据侦查机制进行规制，规范大数据技术在司法程序中的运用。本书对侦查中的大数据决策机制提出以下几方面程序规制的建议。

(1) 通知及解释程序。知情权是公民的基本权利之一，当事人在司法程序中同样享有知情权。[1] 根据知情权的内涵，国家不能秘密地就将大数据决策机制用于涉及公民人身自由权益的程序中。对于因大数据决策机制而遭受不利的当事人，司法人员在对其采取侵犯人身自由权利的相关侦查措施时，在不涉及国家秘密、商业秘密及案件正常进展的情况下，应当告知其作为侦查依据的大数据分析结果，包括数据源及简要算法、原理等内

〔1〕 钱育之：《知情权：犯罪嫌疑人的基本权利》，载《求索》，2007(8)。

容。例如,大数据高危人员预警系统算出某人具有80%的概率在A地区从事汽车盗窃犯罪,警方在A地夜间巡逻时发现了形迹可疑的嫌疑人A,对其拦截、盘查并带回警察局进一步调查。那么此时警方应当告知嫌疑人A其被怀疑的依据是大数据分析结果,从而为当事人的辩解提供依据。

(2) 赋予当事人异议权。在侦查人员告知大数据分析结果的基础上,应当赋予因此而遭受不利当事人提出异议的权利,毕竟最了解数据是否有误的莫过于当事人自己。具体而言,当事人可以从正、反两个角度提出异议。从反面角度看,不排除有重名、数据错误、数据过时等情况,当事人可以对数据源是否正确、数据算法、数据分析结果是否合理等提出异议(可以求助于相关领域的专家);从正面角度来看,当事人可以另行提出与大数据分析结果相反的其他证据。经审查确有错误的,当事人可以要求侦查机关更改与自己有关的错误数据,要求将自己从黑名单上移除。鉴于大数据的专业性,当事人可以借助相关领域具有专门知识人(如数据分析师)的帮助。

(3) 数据溯源制度。在大数据决策机制中,一旦出现了问题,需要根据数据流转、运用的记录来查找错误的根源。然而在很多系统设计中,并没有对数据的生成、流转及运用过程进行记录。这些数据记录的缺失,有些是由于本身技术的缺位造成,还有些则是人为故意没有设置数据记录、保存系统,以规避日后出现纠纷时的审查、追责。实际上,在大数据侦查的决策机制中,数据记录、保存功能非常重要,数据源、数据算法的开示都需要在数据记录的基础上来完成;一旦发现数据分结果有误,还需要根据数据流转的历史记录来查找错误的源头。笔者认为,对于大数据侦查决策系统中的数据记录功能,可以借助"数据溯源"(provenance of the data)技术来实现。数据溯源是大数据体系中的专业术语,大意就是指数据档案,通过技术手段将数据的产生、推移演化的整个过程保存、记录下来,既包括静态的数据源信息,也包括动态的数据演化过程。[1] 也可以采用审计追踪(audit trail)的方式,对数据来源、数据收集、数据清洗、数据分析以及所涉

〔1〕 高明、金澈清等:《数据世系管理技术研究综述》,载《计算机学报》,2010(3)。

及的事实及法律规则等步骤进行记录、保存，形成完整的数据保管链；[1]还有学者认为可以参照食品安全、环境领域的溯源机制，将大数据作为产品来设计溯源方法，记录数据的每一次运动路径信息、所处的状态及用途，并辅之以溯源技术标准、信息登记制度、溯源监督制度等。[2] 其实笔者认为，目前不妨将大数据溯源程序直接融入侦查工作中去。侦查人员在运用大数据系统时，必然要登录、查询数据库，依托于大数据平台进行数据分析。可以通过对侦查人员每一次登录、操作行为的日志保存来进行数据溯源，将数据使用记录定位到具体的人，既有利于节约成本，也保证大数据流转过程的记录更加精细、完整。

(4) 其他程序要求。有学者从技术角度提出，应当对大数据分析产品、软件及系统进行定期检测。司法机关所运用的大数据分析系统，一般都是由市场化的开发商所设计生产，难免会包含开发商一些经济利益的考量。因而，应当有专门的、中立的配套检测、评估软件，来对大数据系统的软件、技术进行定期检测、查补漏洞及升级。[3] 这种技术检测要做到“三同时”，在正式投入运行之前、系统运行过程中以及相关法律规则发生变化的时候，都要及时进行技术检测、安全评估并升级换代。

第三节 大数据侦查的相关配套机制

上文从权利保障和程序规制的角度来探讨大数据侦查的制度构建。然而，大数据侦查是一个复杂多元的体系，除了法律规制外，还需要相关技术、管理机制等配套制度的支持。本节从数据共享、技术平台构建以及大数据公司行业规范这三个角度来探讨大数据侦查的配套机制。

---

〔1〕 Citron, Danielle Keats, “Technological Due Process”, *Washington University Law Review*, 6 (2008), pp. 1249-1314.

〔2〕 王忠、殷建立：《大数据环境下个人数据隐私泄露溯源机制设计》，载《中国经济流通》，2014(8)。

〔3〕 See Crawford, Kate , Schultz, Jason, “Big Data and Due Process: Toward a Framework to Redress Predictive Privacy Harms”, Boston College Law Review, 1(2014), pp. 93-128.

一、大数据侦查的数据共享机制

（一）数据壁垒现象严重

当前大数据侦查建设中首当其冲的问题就是数据壁垒、数据孤岛现象。现在可供利用的数据量并非不够，只是由于这些数据分属于不同的部门所有，各个数据库处于分裂、割据的状态，形成一个个“数据孤岛”。数据孤岛导致大部分数据处于沉睡状态，只能发挥基本的查询、搜索等功能，无法整合进行全面的、深度的数据分析，难以发挥大数据潜在的价值。另外，不同部门的数据还存在着数据格式差异、内容重复、标准不一等现象，数据标准的不统一也加剧了数据壁垒现象。数据壁垒体现在侦查机关与社会行业数据的不流通，以及侦查机关内部数据资源的不流通。

侦查机关与外部的数据壁垒体现在如下两个方面：①侦查机关与政府数据库、社会行业数据库之间存在严重的数据壁垒。就公安机关而言，尽管其已经与网吧上网人员数据库、旅馆住宿人员等数据库建立了共享机制，但可供利用的数据种类毕竟是少数，实务中还是需要不断地向其他部门去“借”数据库；检察机关自侦部门可以利用的政府及社会数据库就更少了。据一线侦查人员反映，他们在侦查中亟须关于房产、水电、物流、医疗、租房中介等一线的社会数据，但是目前尚未与这些社会行业数据库之间建立起共享机制。②实务中数据查询的烦琐程序加剧了数据壁垒现象。侦查部门在自有数据有限的情况下，往往需要向其他行业去“借”数据库，但是“借数据”的过程却相当烦琐。例如反贪部门在去银行调取嫌疑人资金账户数据时需要履行严格的手续，并且很多地方目前只能获取与案件有关的纸质版数据；再如话单数据一般只能在市一级电信部门调取，并且一次只能获取六个月之内的通话数据。数据壁垒、数据查询的不通畅，给侦查中线索、证据的获取带来了极大的不便，侦查人员需要浪费极大的时间、精力在数据获取上，往往延误了最佳侦查时机。

在侦查机关内部，同样存在着严重的数据壁垒现象。①不同区域、不同级别、不同侦查部门之间的数据共享程度低，侦查系统内部数据共享参差不齐。除了少量全国范围内共享的数据库，如全国人口基本信息数据库、行贿人员档案数据库等，各省、市侦查机关的数据库一般都有地域限制，大都处于各自为政的状态，互不流通开放。②实务中的权限问题又加剧了数据壁垒现象。很多数据系统设计的初衷本是全国统一应用，例如检察机关的统一业务应用系统，[1]却人为设置了诸多权限，不同地区、不同级别、不同岗位的人所拥有的权限都不一样。这种数据权限呈倒金字塔形，越是高级别的部门享有的数据权限越大，越是基层的部门享有的数据权限越少，然而实务中却恰恰是基层侦查部门对数据的需求最大。

究其原因，各个部门在数据共享、开放问题上，普遍有“不想开、不敢开、不会开”的心理：不想开是指很多部门将数据视作部门财产和利益，基于部门利益保护而不愿意开放数据；不敢开是担心数据开放会带来安全风险、信息泄露等问题，我国尚未建成数据安全保障体系，各部门担心由数据开放而导致信息泄密或者引发信息安全风险；不会开是指不知道究竟应当如何去开放数据，在实务中各部门尚未建立起统一的数据标准，对数据也没有进行分级管理制度，各部门不知道哪些数据需要开放、哪些数据需要保密，也不知道应当采用何种方式去开放，并且担心数据开放后的数据再利用、数据二次分析无法控制。[2] 不解决这些问题，无论是政府、社会行业数据库，还是侦查机关内部的数据壁垒现象都会持续下去。

（二）建立数据共享机制

当下，大数据侦查机制构建的当务之急就是要打破数据壁垒，促进侦查机关与政府、社会行业数据库之间的共享，促进侦查机关内部数据库之间的共享。数据共享机制的建立，符合我国大数据总体战略的基本部署。国务院《促进大数据发展纲要》的核心内容就是建立数据共享和开放机制，强调要加强数据的跨部门、跨区域共享，加强政府数据与社会数据的汇聚

---

〔1〕 检察机关统一业务应用系统虽然是办案平台，但是其在业务应用中积累了大量的案件数据、个人信息数据，也是资源庞大的数据库。

〔2〕 单志广：《关于促进大数据发展行动纲要解读》，载新华网 http://news.xinhuanet.com/info/2015-09/17/c_134632375.htm，最后访问时间：2016 年 9 月 30 日。

整合，加强执法部门之间的数据流通。[1] 数据开放共享也是目前全世界大数据发展的普遍趋势，越来越多的国家开始建设国家层面的数据开放平台。2011 年在奥巴马的倡导下，还成立了全球性的“开放政府联盟”组织，其成员已经从 8 个国家发展到 66 个国家，主旨就是政府要向民众开放更多的数据。目前，我国也有不少政府部门已经开始尝试建立统一数据开放平台，如北京市政府数据开放平台、浙江省数据开放平台、上海市数据开放平台等。然而，政府数据开放平台所开放的仅仅是与公民生活服务密切相关的、公开的数据，尽管可以为侦查工作提供部分数据资源，但目前还远远达不到侦查部门数据共享机制所需的广度和深度。

笔者认为，大数据侦查中数据共享机制的建设可以从内部和外部两个方面入手。内部是指各侦查机关本身要建立数据共享机制，纵向上要打破各级别侦查机关的数据壁垒，横向上要打破不同地域侦查机关之间的数据壁垒；外部是指侦查机关与政府、社会行业建立数据共享机制。

(1) 侦查机关内部的数据共享机制。侦查机关内部的大数据共享机制建设可以从纵向和横向两个方面入手。从纵向角度来说，要打破不同级别之间的数据限制。《促进大数据发展纲要》中提出政府部门要在地市级以上政府构建统一的数据应用平台，侦查机关也可以参照此机制建设：建立一个全国层面的总数据中心，可以由公安部、高检院来负责，统筹管理全国各地侦查数据；各省级侦查部门分设数据中心，负责统筹管理本省的各侦查部门数据；地市级侦查部门也可以单设统一数据中心，汇集管理本地区的侦查数据，但是原则上基层侦查部门不再另外设置数据中心，而是共享上级的数据平台。例如高检院所建立的“检察机关统一业务应用系统”，就在全国范围内实现了检察机关不同权限的数据共享平台。从横向角度来说，要打破不同地域之间的数据限制。横向的数据共享至少应当达到如下程度：全国层面的总数据中心有权限查询、获取全国各地、各级侦查机关的数据；省级的数据中心有权限查询、获取全省管辖范围内各地的侦查数据；

[1] 《国务院关于印发促进大数据发展行动纲要的通知》，国发〔2015〕50 号。

地市级侦查部门包括其管辖的各基层侦查部门有权限查询、获取本市的侦查数据，原则上地市级层面不再设数据壁垒，所有数据库全市各侦查部门共享。另外，在现有基础上，对于一些重要的、基础的数据库应当继续在全国、省级范围内推广其共享应用；全国省级侦查部门之间、同一省份的不同地市级侦查部门之间应当建立数据共享、查询渠道。

(2) 侦查机关外部的数据共享机制。侦查部门还应当与一些对于侦查工作有密切联系的社会数据库建立共享机制，如工商、税务、银行、通讯、房地产、车辆、证券、股票、电力、网络、医疗、社保、物流等行业的数据库。当前，数据共享建设还面临着如何共享、多大程度上共享、数据标准不统一等问题，侦查机关与外部社会行业的数据共享将会是一个逐渐推进的过程。在当前阶段，侦查机关可以通过与相关行业签署共建协议、合作协议等方式，通过开放接口或拷贝的形式获取进入社会数据库的部分权限。例如2015 年 11 月，浙江省高级人民法院与阿里巴巴公司签署数据合作协议，浙江省高院将享有阿里巴巴用户的身份地址数据、消费数据、金融数据等，并将之用于送达、冻结等司法程序。[1]

数据的开放、共享机制固然能够为侦查工作带来更多的资源、线索，提高侦查效率，但是过度的数据共享则容易导致"大数据监控"社会的形成，带来社会民众心理的恐慌、不安定感。一旦发生泄露、攻击等安全问题，数据的过度集中也会带来更大的风险。因此，数据共享机制建设应当也是有限度的，并且要有一定的程序规制。这方面日本就做得很好，日本的《隐私法》中规定，政府在运用公民的"番号"进行数据交换、共享时，应当有书面文字合同，并且通过官方媒介向民众公示，以保障数据主体的知情权。[2] 我国侦查机关在构建数据共享机制时，也应当将这一问题纳入制度、规则的制定中去，确保数据共享与个人信息保护的平衡。

---

〔1〕 搜狐网：《浙江高院与阿里合作 法律文书寄到淘宝收货地址》，载搜狐网 http://news.sohu.com/20151124/n427933546.shtml，最后访问时间：2016 年 9 月 30 日。

〔2〕 孙晓柳：《日本〈番号法〉探究》，载《长春理工大学学报》，2014(8)。

二、大数据侦查的技术应用平台

（一）大数据侦查的技术体系

大数据本身涉及数学、统计学、人工智能、计算机等多项专业技术，各个环节都需要专业技术的支撑。大数据侦查的技术体系可以分为数据生成、采集体系，数据交换、共享体系以及数据分析、应用这三大体系，并且这三大技术体系的建设层层相扣，缺一不可。数据的生成和采集离不开物联网、自动识别等传感技术，数据的存储、交换和共享则离不开云存储、云计算和互联网技术，数据的分析则离不开数据挖掘技术、可视化技术。

（1）数据生成、采集体系。数据生成、采集体系主要涉及数据化的过程，将人类的各种行为、事物的变化发展状态转化成数据并记录下来。数据化的能力越强、范围越广，可供分析的数据源、数据粒度也就越细。在早年往往通过人工录入的方式进行数据采集，然而在大数据时代面对如此多的数据量和采集对象，人工录入方式显然已不再适应。目前数据的生成、采集主要通过新一代的传感技术来完成的，包括射频、二维码、条形码等自动识别技术。如现在通过扫描物品的二维码就能够查询到它的详细数据，智能电表能够实时反映居民电力使用情况，智能手环能够反映我们的运动健康数据，这都是传感技术的运用。目前公安机关也开始将传感技术用于对车辆、物品、居民信息等数据的采集中。总之，数据生成、采集体系的目的就是通过智能化技术实现“人—数”、“物—数”的数据转化过程，形成海量的侦查数据源。

（2）数据交换、共享体系。数据交换、共享体系主要完成数据传递的任务。在海量数据生成、采集的基础上，需要完成数据传输以及不同部门之间的数据共享。这就需要运用到网络技术，只有依托于互联网技术才能完成大批量、多格式的数据传递。除了我们一般意义上的互联网外，公安机关还有专用的网络，包括公安计算机网、公安卫星通信专用网、公安视频通信网等。[1] 公安的专门网络在基础设备、安全性及承载量上都更具有优势，对于一些涉密的、重要的数据，应当通过公安专用网络来传递。另外，随着物联网技术的发展，大数据侦查中的数据源会越来越多，对此侦查机关可以使用云存储技术，通过将设备存储在“云端”来解决存储容量问题。例如北京市检察系统建立了“电子取证云平台”，通过云平台控制中心在“云端”实现电子取证工作。不过，尽管云存储有着方便快捷、成本低廉的优点，但是风险性也更高一些，因此要加强大数据侦查中云存储的安全性功能建设，通过加密等技术来保证数据的机密性、完整性和可用性。[2]

(3) 数据分析、应用体系。数据分析、应用体系是对已采集、传输、存储的数据进行分析的过程。主要包括数据清洗、数据预处理技术、数据挖掘技术以及大数据可视化技术等。其中，关联性分析、回归分析、异常分析等数据挖掘技术是今后大数据侦查体系构建中需要重点突破的技术。另外，大数据的速度快、容量大、结构多样等特征为数据分析技术带来了新的挑战，大数据处理技术必须能够应对 PB、ZB 级别的数据，能够对非结构化数据进行分析，能够支持对实时数据流的处理。在专业领域内，很多技术人员提出通过 Hadoop、MapReduce[3] 等分布式计算框架来对大数据进行分析。大数据可视化技术也是目前大数据的重点研究领域。可视化技术能够根据不同的任务需求将数据分析结果以形象、直观的图像展现出来，比我们传统所接触的饼图、折线图、条状图等简单的图表要立体、生动得多，甚至具有一定的艺术性和美感，有利于分析人员对数据结果的深度分析，也有利于侦查决策的高效化。

此外，还应当将个人信息保护及信息安全纳入大数据侦查技术体系构建中。如通过数据脱敏技术、数据加密技术、数据失真等技术来保护隐私

---

〔1〕 张兆端：《智慧公安：大数据时代的警务模式》，46 页，北京，中国人民公安大学出版社，2015。

〔2〕 傅颖勋，罗圣美，舒继武：《安全云存储系统与关键技术综述》，载《计算机研究与发展》，2013(1)。

〔3〕 Hadoop、MapReduce 都是分布式计算技术，能够同时进行多任务的数据处理工作，实现对非结构化数据的处理。

信息；通过数据匿名技术来保护数据主体的身份；通过数据容灾备份、数据校验等技术来保障数据安全和网络安全。其中，数据脱敏技术近来为很多领域所青睐，它仅仅改变数据中的敏感部分信息，而保留了数据中其他信息的真实性和完整性，从而有效地兼顾了信息处理和隐私保护两方面的价值平衡。[1] 当然，也有一些前沿的学者认为即便是脱敏技术在大数据时代也会失效，数据挖掘技术能够很快地将匿名信息指向对应的个人。但无论如何，在大数据侦查机制建设过程中，都要注意将个人信息保护技术、数据安全保护技术吸收进来。（见表 6-1）

表 6-1　大数据侦查技术体系

大数据侦查体系	相关技术	目标任务
数据分析、应用体系	数据搜索；数据碰撞；关联分析、聚类分析、决策树、神经网络、回归分析等数据挖掘技术；Hadoop、MapReduce 等分布式计算技术	完成数据清洗、数据挖掘、数据可视化呈现等任务
数据交换、共享体系	互联网技术，公安专用网技术；云存储技术	完成数据传输、数据共享任务
数据生成、采集体系	物联网技术，传感技术	完成“人—数”，“物—数”的数据化过程
数据安全体系	脱敏技术、加密技术、匿名技术、失真技术、数据隔离、容灾备份等技术	数据隐私及数据安全保护任务

（二）大数据侦查的应用平台

侦查机关应当构建统一、综合的数据应用平台。不过需要注意的是，侦查大数据应用平台并非是像目前我国有些政府部门的数据开放平台一样，作为一个“数据集散地”，仅有数据汇集、查询等简单的功能。侦查机关的数据应用平台应当是集数据存储、数据清洗、数据分析、数据可视化等功能为一体的综合数据应用平台，尤其要加强数据挖掘功能、侦查信息的智能研判功能，为侦查工作提供决策依据。在数据综合应用平台上，根据不

[1] 郭嘉凯：《数据脱敏：敏感数据的安全卫士》，载《软件和信息服务》，2014(2)。

同的工作任务,可以在海量侦查数据源基础上开发出不同的应用功能,如犯罪预测应用、犯罪热点应用、数据碰撞应用、高危犯罪人群预测等不同的应用系统。

与此同时,数据应用平台的建设可以与数据共享制度相对接。分别建立全国统一的大数据侦查应用平台,各省、直辖市的大数据侦查应用平台,各地级市的大数据侦查应用平台,集中资源优化配置,打通大数据平台之间的壁垒。实务中也已经有很多侦查机关开始构建大数据应用平台。某市公安局开发的"警务信息协作实体平台",能实现多个地区的信息交互共享,将重点人员信息、关注人员信息、高危车辆信息、动态活动信息、社会资源信息、预警信息、布控信息、通讯信息等整合至同一数据库,实现数据综合查询分析、案件串并分析等多种功能,对于跨地区流窜作案、团伙作案具有很明显的打击效果;某市检察院的大数据平台将实时数据、既往数据、拷贝数据、互联网数据等汇集成巨大的数据资源池,在此基础上建立大数据分析应用平台,支持一键式查询、批量查询和关联搜索,能够实现对数据的清洗和数据格式的统一,并对嫌疑人、涉案公司企业进行智能化分析研判,为案件侦查提供决策依据。其实无论采取哪种形式,建立数据应用平台的核心就在于集数据存储、数据处理等多种功能为一体,尤其是要突出数据挖掘、分析研判和数据决策功能。

三、大数据侦查的第三方行业规范

(一)制定行业规范的必要性

这里的第三方行业规范主要是指大数据公司的行业规范。上文提到大数据公司调取数据是大数据侦查的重要方法之一,实际上大数据公司不仅仅在大数据侦查制度中具有重要地位,也是整个国家大数据发展战略的先驱者。大数据公司所掌握的海量数据是任何一个政府部门、企业单位都无法企及的。例如阿里巴巴公司 2008 年就将大数据作为公司的基本战略,经过近十年的发展,已经累积了海量的客户数据、商品数据等,甚至有言论认为阿里巴巴的大数据关系到整个国家安全；[1]腾讯公司掌握全国最大的社交数据；百度公司则掌握着全国大部分网民的搜索行为数据。鉴于大数据公司拥有的数据资源，越来越多的政府部门、企事业单位开始寻求与大数据公司的合作。侦查部门也不例外，无论是个案侦查中的数据调取，还是建立长期数据共享合作战略，都离不开大数据公司的协助。因此，大数据侦查制度的构建必然离不开对大数据公司的行业规制，不仅仅包括公司内部的大数据管理制度，更是基于数据开放、共享基础上如何与侦查机关调取数据行为进行衔接的程序规制。大数据公司应当在既有相关法律规定基础上制定统一行业规范。

目前，大数据公司面对纷至沓来的数据调取需求，亟须相关的数据行业规范。尽管在司法程序中，大数据公司负有协助取证的义务，但是并不意味着各机关可以不受约束随意调取数据。但是，据我国大数据公司相关工作人员反映，他们在实务中面对各部门纷至沓来的数据调取需求往往无所适从，能够提供哪些数据类型、如何提供数据等目前都无法可依。归纳起来，主要存在以下一些问题：①不同主体调取权限没有区分。实务中不仅仅只有侦查机关向大数据公司调取数据，行政机关人员乃至诉讼当事人都有调取数据的需求。不同程序中、不同主体调取数据的权限应当有所区分。②数据内容没有区分。这也是目前大数据公司协助调取数据中存在的最大问题。不同类型的个人数据私密程度是有区分的，有些数据是具有私密性的、甚至是敏感的，例如聊天记录、电子邮件、个人健康数据等，有些数据则具有公开性，例如在社交平台转发的文章、图片等。尽管也有一些法律会对不同数据的调取权限进行规定，[2]但随着新数据的层出不穷，新的问题也会不断产生，例如法院是否有调取电子邮件的权限？对于即时通

---

〔1〕 刘太刚：《阿里巴巴的大数据有多可怕？》，载中国金融信息网 http://life.xinhua08.com/a/20141010/1395787.shtml，最后访问时间：2016 年 9 月 30 日。

〔2〕 如《互联网电子邮件服务管理办法》第 2 条规定，对于公民的电子邮件，只有公安机关或者检察机关因国家安全或者追查刑事犯罪的需要，并且依照法律规定的程序才有权进行检查，其他任何组织或者个人都无权检查。

讯数据是否需要采取与电子邮件相同的保护？当事人有权调取自己的数据吗？可见，既有相关法律规定所起的作用也是有限的，具体的数据内容管理只能留待行业自行规定。③调取程序没有统一。目前，大数据公司的数据调取还存在以下乱象：不同大数据公司所要求的调取手续、相关法律文书不尽相同（例如有些公司需要介绍信，有些需要立案通知书等）；司法机关要求调取的数据范围往往过于宽泛；一般来说，外地司法机关调取数据都需要大数据公司所在地的对应司法机关协助、对接，程序烦琐，也影响了取证的效率。大数据公司作为数据管理者，面对实务中日趋增多的调取数据需要，面对多元化的取证主体及不同的取证程序，亟须相关的行业规范指导。如何去对接公权力机关调取数据与大数据公司管理数据之间的程序性规定，也是实务中切实面临的问题。[1]

（二）数据管理的行业规范

本节的数据管理主要探讨大数据公司对用户数据进行分级、分类管理，这里的用户数据主要以个人信息为主。[2] 个人信息分类历来有多种标准。个人信息保护法将其分为一般信息和敏感信息，个人敏感信息具有极强的私密性，一般情况下个人不愿意向他人透露，如种族血统、宗教信息、政治观点、健康与性生活等相关信息。[3] 不过越来越多的观点开始认为，仅对个人数据做敏感和非敏感区分还是不够细化，敏感数据涉及的是个人信息中最为私密的一部分信息，而非敏感信息中也包含有大量的隐私数据，尤其是在大数据时代通过数据的聚合就可以挖掘出很多涉及个人隐私的信息，因而传统的二分法或许已经难再满足现实需求。有学者按照个人信息的重要程度，将其分为个人一般信息、个人重要信息、个人关键信

---

〔1〕 王燃：《大数据时代个人信息保护视野下的电子取证》，载《山东警察学院学报》，2015(5)。

〔2〕 大数据时代，数据种类层出不穷，固然不是用户数据/个人信息就可以囊括的，例如在物联网技术下所产生的“物的数据”如何管理分配就是难题。本文之所以以用户数据为主要规制对象，是因为在大数据侦查中以及其他司法机关调取数据过程中，基本都是以用户的个人数据为主。

〔3〕《信息安全技术公共及商用服务信息系统个人信息保护指南》第 3.7 条。

息；[1]还有学者将个人信息分为个人身份信息、敏感信息、准标识符信息、日志信息和公开信息等。[2]

尽管上述几种方法对数据的分级、分类都不相同，但是基本上都是围绕数据隐私程度这一核心标准来进行划分的。本文也将以数据的隐私性作为分级分类的标准，结合大数据公司的数据类型、数据特征来对各类数据的私密程度进行划分。[3]（如表 6-2）

表 6-2　大数据公司数据分级分类制度设计

<table>
<tr><th colspan="3">数 据 类 型</th><th>公开范围</th><th>私密等级</th></tr>
<tr><td rowspan="7">用户提供的数据</td><td rowspan="2">身份信息</td><td>敏感身份信息
如账号密码、宗教信仰、基因、健康及性生活等信息</td><td>自己及大数据公司可见</td><td>私密</td></tr>
<tr><td>一般身份信息
如住址、职业、兴趣爱好等（用户可以自行设置公开范围）</td><td>自己、大数据公司及部分公众可见</td><td>半公开</td></tr>
<tr><td rowspan="5">用户存储、提供的信息</td><td>聊天内容、邮件内容、私信内容</td><td>自己及大数据公司可见</td><td>私密</td></tr>
<tr><td rowspan="3">存储、发布的信息，如在平台上传照片、发布的日记、文字等（用户可以自行设置公开范围）</td><td>所有人可见</td><td>公开</td></tr>
<tr><td>自己、大数据公司及部分公众可见</td><td>半公开</td></tr>
<tr><td>自己及大数据公司可见</td><td>特定对象公开</td></tr>
<tr><td>交易行为，如通过大数据公司所进行的网络购物、消费内容</td><td>自己及大数据公司可见</td><td>特定对象公开</td></tr>
</table>

[1] 史卫民：《大数据时代个人信息保护的现实困境与路径选择》，载《情报杂志》，2013(12)。

[2] 刘雅辉、张铁赢、靳小龙、程学旗：《大数据时代的个人隐私保护》，载《计算机研究与发展》，2015(1)。

[3] 这里的数据主要以我国互联网大数据公司"隐私政策"中所提供的数据为参照。

续表

<table>
<tr><th colspan="3">数据类型</th><th>公开范围</th><th>私密等级</th></tr>
<tr><td rowspan="7">大数据公司获取的数据</td><td rowspan="4">日志信息</td><td>搜索或浏览的信息，软硬件信息，如使用的网页搜索词语、访问的页面地址等</td><td>大数据公司可见</td><td>特定对象公开</td></tr>
<tr><td>在移动设备上使用的移动应用(APP)和其他软件的信息</td><td>自己及大数据公司可见</td><td>特定对象公开</td></tr>
<tr><td>通过大数据公司服务进行通讯的信息，如通讯的账号、通讯时间、数据和时长等</td><td>自己及大数据公司可见</td><td>特定对象公开</td></tr>
<tr><td>通过大数据公司上传内容所包含的元数据，如上传照片的日期、时间或地点等</td><td>自己及大数据公司可见</td><td>特定对象公开</td></tr>
<tr><td rowspan="2">位置信息</td><td>通过具有定位功能的移动设备收集的地理位置信息</td><td>大数据公司可见</td><td>特定对象公开</td></tr>
<tr><td>用户提供的包含所处地理位置的信息，如账户信息中包含的所在地区信息，用户或其他人上传的显示所处地理位置的共享信息，用户或其他人共享的照片包含的地理标记信息等</td><td>自己、大数据公司及其他部分公众可见</td><td>半公开</td></tr>
<tr><td>社交信息</td><td>社交平台上的相关信息，如联系人、亲密度、朋友关系等</td><td>自己、大数据公司及其他部分公众可见</td><td>特定对象公开</td></tr>
</table>

表6-2中的“数据类型”是指大数据公司所掌握的用户数据类型，包括身份信息、用户存储信息、日志信息、位置信息等。“公开范围”是结合数据本身的特征来确定某类数据的可见范围，例如“邮件内容、即时通讯内容”这部分数据只有用户本人和大数据公司后台可见，再如大数据公司自行收集的“搜索或浏览的信息”一般是大数据公司后台可见。“私密等级”是结合各种数据的特征，对数据隐私程度所进行的划分，也是本文中数据分级最核心的内容——“私密”是隐私程度最高的信息，如敏感的个人数据(基因、宗教、信仰等)、通信数据(聊天内容、私信内容、邮件内容等)；“特定对象公开的信息”一般仅有用户本人及大数据公司后台可见，这些信息一般

与个人隐私联系较为密切，但不如私密数据的隐私性高；“半公开信息”主要是用户基于自愿，在一定范围内所发布的信息，由于公开范围的有限性，仍然具有一定的隐私性；“公开信息”是指用户自愿对公众公开的信息，这些数据不再属于隐私的范畴，如微博平台发布的所有人可见信息。[1] 在数据分类分级的基础上，大数据公司应当对不同级别的数据制定不同的管理制度，对于私密程度较高的数据偏重于数据的保护，而对数据的流通和利用进行一定限制；对于私密程度较低的数据则保护力度较轻，主要侧重于数据的流通和利用。[2]

（三）数据调取的行业规范

这里的数据调取行业规范，是指对司法程序中公权力机关等第三方调取数据的行为进行程序上规制。[3] 当然，大数据公司所制定的行业规范并不具有法律强制效力，仅仅是在相关法律法规基础上，对本行业的数据管理以及对第三方调取数据的需求进行衔接性规制。

在数据分级分类管理的基础上，大数据公司可以将数据的分级管理与司法机关等第三方调取数据的程序进行对接。不同私密程度的数据对应不同主体调取数据的程序。具体而言：①对于私密数据，只能由公安机关、检察机关、国家安全机关、军队保卫部门等基于打击犯罪的需要获取；或者是人民法院根据调查取证权而获取（包括民事、刑事、行政诉讼），但是在民事诉讼和行政诉讼中，基于数据主体的知情权，法院调取此类数据应告知数据主体。刑事诉讼中，辩护律师确有必要调取此类证据的，若属于当事人本人所有的，基于数据主体对个人信息的控制权，大数据公司应当准许；若是属于其他人的相关数据，可以申请检察机关、人民法院调取。民事、行

[1] 本文提供的仅是一个大致粗略的数据划分参考，现实中“公开范围”可能会有变动，数据的私密程度也会因为个体评价的不同而有所区分。

[2] 王燃：《大数据时代个人信息保护视野下的电子取证》，载《山东警察学院学报》，2015(5)。

[3] 本文在此将侦查机关调取数据的规制纳入公权力机关等第三方调取数据的统一程序规制中。因为在大数据公司协助调取数据的实务中，侦查机关调取数据仅仅是业务的一部分，考虑到数据分级管理与数据调取程序衔接的复杂性与整体性，本文还是对大数据公司协助调取数据的整体程序进行规范。

政诉讼中，当事人及代理人确有必要调取时，若属于当事人本人所有的，应当准许；若是属于其他人的相关数据，可以申请法院调取。②对于特定对象公开数据、半公开数据，公、检、法机关可以基于司法职权来调取，但是在民事诉讼和行政诉讼中，法院调取此类数据应告知数据主体。刑事诉讼中辩护律师调取此类数据，若属于当事人本人所有的，大数据公司应当准许，若是属于其他人的相关数据，辩护律师应当提供相应的申请说明及调取范围，并征得数据所有人明示同意方可调取；民事诉讼、行政诉讼中的当事人及诉讼代理人调取此类数据同理。③对于公开数据，通过公开途径即可调取（参见表 6-3）。

表 6-3　数据分级管理与数据调取程序衔接

<table>
<tr><th colspan="2">调取程序及主体
数据类型</th><th>私密数据</th><th>特定对象公开数据；半公开数据</th><th>公开数据</th></tr>
<tr><td rowspan="2">刑事诉讼</td><td>国家安全机关，公安机关、检察机关、法院</td><td>可以调取</td><td>可以调取</td><td rowspan="4">公开途径，皆可调取</td></tr>
<tr><td>犯罪嫌疑人及辩护人</td><td>属于当事人本人所有的，应当准许；若是属于其他人的数据，可以申请检察机关、人民法院调取</td><td>若属于当事人本人所有的，应当准许；若是属于其他人的数据，辩护律师应当提供相应的申请说明及调取范围，并征得数据主体明示同意</td></tr>
<tr><td rowspan="2">民事诉讼、行政诉讼</td><td>法院</td><td>可以调取，但应征得数据主体同意</td><td>可以调取，但应告知数据主体</td></tr>
<tr><td>当事人及其代理人</td><td>当事人及代理人确有必要调取时，若属于当事人本人所有的，应当准许；若是属于其他人的相关数据，可以申请法院调取</td><td>若属于当事人本人所有的，应当准许；若是属于其他人的数据，应当提供相应的申请说明及调取范围，并征得数据主体明示同意</td></tr>
</table>

此外，大数据公司还可以构建专门的行业规范，以规范司法机关等第三方调取数据的行为。例如可以借鉴在协助调查取证方面做法成熟的金

融机构，制定大数据公司协助调取数据的行业规范。[1] 具体包括以下几个方面。

（1）专人负责。有条件的大数据公司应当设立专门的数据管理部门，并安排专人负责协助司法机关等第三方调取数据事宜，由首席数据执行官（Chief Data Officer）进行统筹管理。例如2016年4月14日欧盟刚刚通过的《数据保护一般条例》和《涉警务司法目的数据交换指令》中，就规定公司在处理大量敏感数据的时候必须指定专人担任数据保护专员（Data Protection Officer）。[2] 再如我国的腾讯公司设有“安全管理部”，其下安排了专门人员负责协助司法机关、行政机关的数据调取工作。

（2）审查原则。对于司法机关等第三方调取数据的申请，大数据公司应当进行形式审查，审查内容包括执法人员的身份信息，相关的法律文书，以及申请调取的数据范围、数据内容等。对于不符合形式要求的调取申请，应当通知有关单位及时补正。

（3）登记记录。大数据公司相关工作人员对每次的数据调取申请及调取过程都应当进行记录，包括调取单位名称、执法人员的身份信息，调取的时间，调取的数据内容、范围等。当前，一些大数据公司开始运用专业的数据调取平台，所有的数据调取工作都在平台上完成，平台能够自动记录、保存每一位登录人员的身份信息和每一操作步骤。

（4）协助义务。对于符合要求的调取数据申请，大数据公司应当提供进一步的技术上协助，对于采取何种技术对数据进行检索、提取，对于调取结果以何种形式呈现，可以结合行业的发展情况决定。此外，对于符合要求的调取数据申请，大数据公司相关工作人员应当尽快、及时协助取证，保证获取数据的准确、完整、适时，对于技术上无法调取的数据或者超出法定

---

〔1〕 金融机构在协助查询、冻结、扣划等方面已有相关的行业管理规定，如2002年中央人民银行发布的《金融机构协助查询、冻结、扣划工作管理规定》；2014年中国银监会、最高人民检察院、公安部、国家安全部联合发布的《银行业金融机构协助人民检察院公安机关国家安全机关查询冻结工作规定》等。

〔2〕 腾讯研究院犯罪研究中心：《欧盟新一代数据保护规则意味着什么》（非出版物），北京腾讯，2016。

范围无法调取的数据应当及时说明原因。

(5) 责任机制。大数据公司相关工作人员应当按照法律规定及行业规范协助司法机关等第三方调取数据，对数据调取中获取的国家秘密、个人隐私及商业秘密要予以保密。对于故意不履行协助义务，违规调取数据，伪造、隐匿数据，泄露国家秘密等行为应当予以处分，构成犯罪的则移交司法机关处理。

(6) 收费制度。大数据公司在协助司法机关等第三方调取数据过程中，可以收取资料、设备、打印、技术等成本费用。[1]

第四节　本章结论

在当下的大数据建设初期，可能大部分人的关注点会集中在大数据侦查的技术方法上。然而，大数据的技术特征也不可避免地会对现有的法律程序、法律原则带来冲击。若想要在未来真正推广、落实大数据侦查技术，必须解决这些问题，通过法律规则的设计，来协调大数据侦查对现有法律程序、权利所带来的冲击。从权利角度来看，“大数据监控”“大数据挖掘”必将会对公民的隐私权、个人信息权带来前所未有的风险，应当将个人信息权保护体系中的相关规定吸收至大数据侦查中，强调个人参与、数据有限使用等原则，以达到个人信息保护与数据利用的最佳平衡。从程序角度来看，应当将正当程序原则的理念、要求融入大数据侦查的程序中，保障因大数据侦查而遭受不利当事人的知情、提出异议等程序权利。

另外，大数据侦查的发展还需要一些相关的配套制度予以支撑。从体制上看，要打破数据壁垒限制，建立侦查机关内部及侦查机关与社会行业的数据共享机制。从技术上看，要加强大数据技术基础设施、软硬件产品

[1] 王燃：《大数据时代个人信息保护视野下的电子取证》，载《山东警察学院学报》，2015(5)。

的建设，构建数据采集、数据交换、数据分析的大数据侦查技术体系，建立与数据共享相配套的大数据应用平台。需要注意的是，大数据公司作为大数据侦查的重要数据和技术来源，其所扮演的角色及相关权利、义务也不容忽略。大数据公司应当建立数据的分级保护制度来保障公民的个人信息权，通过行业规范的形式来对大数据公司与侦查机关的数据协作、数据调取等行为进行程序上的衔接。

结　　论

本书基于前沿的视角，构建起包括大数据侦查的思维、大数据侦查模式、大数据侦查方法以及大数据侦查相关制度的完整大数据侦查体系。文章中很多制度、规则的设计都是基于未来大数据侦查发展的预想状态，很多观点也带有一定的前瞻性。目前实务中的大数据侦查正处于快速发展的阶段。例如，2016年8月的第十四次全国检察工作会议强调，要建设国家检察大数据中心，建立检务大数据资源库，并提出了"大数据初查""大数据侦查"及"大数据预防"。不少检察机关也开始践行大数据理念，例如将大数据技术用于职务犯罪初查工作中，利用大数据技术对职务犯罪进行预测、预警等。我们在看到大数据的广阔发展前景，推进大数据侦查的同时，也要注意把握以下要点。

(1) 大数据侦查不仅仅拘泥于事后侦查模式。传统的侦查一般都以立案为时间节点，在犯罪行为发生后采取侦查措施。大数据侦查强调对犯罪行为的预测，在案件还没发生之前或者发生过程中就将其及时识别。大数据侦查有望改变人类长久以来的司法认知模式，构建一种全新的事前侦查模式。能够对公民生命、财产等权利以及社会秩序起到更好地保障作用。

(2) 善于运用大数据的相关性思维。发掘相关关系而非因果关系是大数据的核心思维之一。将大数据的相关性思维用于侦查工作中，能够发掘事物背后隐藏的关系，发现更多的案件突破口。因此，侦查人员要注意打破传统的依赖口供、物证的僵化思维，善于运用大数据思维，从数据空间去寻找相关线索、证据。

(3) 重视大数据公司的重要作用。尽管大数据公司并非法定侦查机关，但是在大数据侦查中，大数据公司却占有重要地位。它们掌握着海量、新鲜的大数据，而这些数据恰恰是宝贵的侦查资源。因此，无论是个案中的数据调取，还是与大数据公司寻求长期的战略合作，侦查机关都不能忽视大数据公司的重要地位。大数据公司也应当尽快构建与司法程序相衔接的数据管理制度。

（4）注重相关权利的保障制度。从侦查人员角度出发，他们肯定希望获取的数据越多越好，对数据的挖掘越深越好。但是数据的收集、挖掘必然会对公民个人信息权等相关权利带来影响，对一些既有法律程序产生冲击。因此，必须对侦查中的数据运用进行规制。在社会主义依法治国的背景下，本书强调大数据侦查的法治化，通过相关法律制度的构建来规范大数据侦查的运用，以保障公民的相关权利。

大数据侦查最本质的理念就在于“大”。哲学上说“量变引起质变”“整体大于部分之和”，大数据侦查正是这样一种“大”理念的体现。这种“大”理念也代表了一种当今时代发展潮流，会带来现有资源格局的重新洗牌，引起相关制度的变革。例如现在所倡导的数据开放、数据共享就是“大数据”理念的产物，再如近期提出的“大部制”“大警种”改革则是“大侦查”理念的体现。[1] 从某种意义上来说，“大侦查”比“大数据侦查”更进一步，其不仅仅是数据资源的整合，而且是将职能相近的侦查部门整合为一个较大的部门，在此基础上实现人员、技术、数据、信息等大量资源的整合及效用发挥。

2016 年的“十三五”规划纲要中，[2]再次强调要实施国家大数据战略，将大数据作为基础性战略资源，全面促进大数据发展行动。其实，不仅仅是侦查领域，各行各业都应当深化大数据的创新应用，探索与传统业务协同发展的“大数据”新模式。顺势而上，数据为王。人类将真正迎来大数据时代！

---

〔1〕 2016 年 1 月 23 日的全国公安厅局长会议上，提出要进行“大部制”“大警种制”改革，将职能相近的部门整合为一个较大的部门，以减少机构重叠、职能交叉的问题，提高协调能力。

〔2〕 2016 年 3 月 16 日，第十二届全国人民代表大会第四次会议通过了《中华人民共和国国民经济和社会发展第十三个五年规划纲要》，简称“十三五”规划（2016－2020 年），其中第二十七章为“实施国家大数据战略”。

参 考 文 献

中文著作：

[1] 陈刚.信息化侦查教程.[M].北京.中国人民公安大学出版社.2012.

[2] 程志宏、周涛.犯罪情报，[M].北京.群众出版社.2009.

[3] 陈瑞华.刑事审判原理.[M].北京.北京大学出版社.1997.

[4] 陈瑞华.刑事诉讼的前沿问题.[M].北京.中国人民大学出版社.2011.

[5] 陈瑞华.刑事证据法学.[M].北京.北京大学出版社.2012.

[6] 陈永生.侦查程序原理论.[M].北京.中国人民公安大学出版社.2003.

[7] 崔嵩.再造公安情报.[M].北京.中国人民公安大学出版社.2008.

[8] 郭冰.侦查学基础理论研究.[M].北京.中国人民公安大学出版社.2010.

[9] 郭瑜.个人数据保护法研究.[M].北京.北京大学出版社.2012.

[10] 何家弘.从应然到实然——证据法学探究.[M].北京.中国法制出版社.2008.

[11] 何家弘.从它山到本土——刑事司法考究.[M].北京.中国法制出版社.2008.

[12] 何家弘、刘品新.证据法学.[M].北京.法律出版社.2013.

[13] 李军.大数据——从海量到精准.[M].北京.清华大学出版社.2014.

[14] 李心鉴.刑事诉讼构造论.[M].北京.中国政法大学出版社.1998.

[15] 李双其，曹文安，黄云峰.法治视野下的信息化侦查.[M].北京.中国检察出版社.2011.

[16] 马海舰.侦查措施新论.[M].北京.法律出版社.2012.

[17] 秦玉海等.网络犯罪侦查.[M].北京.清华大学出版社.2014.

[18] 任惠华.侦查学原理.[M].北京.法律出版社.2002.

[19] 涂子沛.大数据：正在到来的数据革命.[M].南宁.广西师范大学出版社.2012.

[20] 陶永才、张青.数据库技术与应用.[M].北京.清华大学出版社.2014.

[21] 魏晓娜.刑事正当程序原理.[M].北京.中国人民公安大学出版社.2006.

[22] 王进喜.美国联邦证据规则条解.[M].北京.中国法制出版社.2012.

[23] 王兆鹏.美国刑事诉讼法.[M].北京.北京大学出版社.2005.

[24] 徐继华,冯启娜,陈贞汝.智慧政府：大数据治国时代的来临.[M].北京.中信出版社.2014.

[25] 于志刚,郭旨龙.信息时代犯罪定量标准的体系化构建.[M].北京.中国法制出版社.2013.

[26] 袁津生等.搜索引擎的原理与实践.[M].北京.北京邮电大学出版社.2008.

[27] 赵刚.大数据——技术与应用实践指南.[M].北京.电子工业出版社.2013.

[28] 赵伟.大数据在中国.[M].南京.江苏文艺出版社.2014.

[29] 张玉镶.刑事侦查学.[M].北京.北京大学出版社.2014.

[30] 张尼、张云勇等.大数据安全技术与应用.[M].北京.人民邮电出版社.2014.

[31] 张兆端.智慧公安：大数据时代的警务模式.[M].北京.中国人民公安大学出版社.2015.

[32] 朱明.数据挖掘.[M].北京.中国科学技术大学出版社.2008.

中文译著：

[1] [日]城田真琴.大数据的冲击.[M].周自恒译.北京.人民邮电出版社.2013.

[2] [英]维克托·迈尔-舍恩伯格,肯尼斯.库克耶.大数据时代.[M].盛杨燕,周涛译.杭州.浙江人民出版社.2013.

[3] [英]维克托·迈尔-舍恩伯格.删除：大数据取舍之道.[M].袁杰译.杭州.浙江人民出版社.2013.

[4] [英] Spencer Chainey,[美]Jerry Ratcliffe .地理信息系统与犯罪制图.[M].陈鹏,洪卫军,隋晋光等译.北京.中国人民公安大学出版社.2014.

[5] [意]贝卡利亚.论犯罪与刑罚.[M].黄风译.北京.中国法制出版社.2014.

中文期刊：

[1] 白建军.大数据对法学研究的些许影响.[J].中外法学.2015,1：29-35.

[2] 程宏.大数据背景下反贪侦查模式的转型.[J].中国检察官.2015,2：54-56.

[3] 陈瑞华.刑事诉讼中的证明标准.[J].苏州大学学报.2013,3：78-88.

[4] 傅颖勋,罗圣美,舒继武.安全云存储系统与关键技术综述.[J].计算机研究与发展.2013,1：136-145.

[5] 郭志懋、周傲英.数据质量和数据清洗研究综述.[J].软件学报.2002,11：2076-2082.

［6］ 高波.从制度到思维：大数据对电子数据收集的影响与应对.［J］.大连理工大学学报(社会科学版).2014,2：88-94.
［7］ 高波.大数据：电子证据的挑战与机遇.［J］.重庆大学学报(社会科学版).2014,3：111-119.
［8］ 高明,金澈清.数据世系管理技术研究综述.［J］.计算机学报.2010,3：373-389.
［9］ 韩京宇,徐立臻,董逸生.数据质量研究综述.［J］.计算机科学.2008,2：1-5.
［10］ 李学龙,龚海刚.大数据系统综述.［J］.中国科学：信息科学.2015,1：1-44.
［11］ 李玫瑾.侦查中犯罪心理画像的实质与价值.［J］.中国人民公安大学学报(社会科学版).2007,4：1-7.
［12］ 李丹丹.日本个人信息保护举措及启示.［J］.人民论坛.2015,4：238-240.
［13］ 李学军,朱梦妮.专家辅助人制度研析.［J］.法学家.2015,1：147-163.
［14］ 李学宽,汪海燕、张小玲.论刑事证明标准及其层次性.［J］.中国法学.2001,5：125-136.
［15］ 刘铭.大数据反恐应用中的法律问题分析.［J］.河北法学.2015,2：86-96.
［16］ 刘雅辉,张铁赢,靳小龙,程学旗.大数据时代的个人隐私保护.［J］.计算机研究与发展.2015,1：229-247.
［17］ 刘红,胡新红.数据革命：从数到大数据的历史考察.［J］.自然辩证法通讯.2013,6：33-39.
［18］ 刘品新.论网络时代侦查模式的转变.［J］.山东警察学院学报.2006,1：74-77.
［19］ 陆娟等.犯罪热点时空分布研究方法综述.［J］.地理科学研究进展.2012,4：419-425.
［20］ 陆娟等.地理空间分析技术在警务工作中的应用.［J］.江苏警官学院学报.2012,3：171-174.
［21］ 孟小峰,慈祥.大数据管理：概念、技术与挑战.［J］.计算机研究与发展，2013,1：146-169.
［22］ 苗东生.从科学转型演化看大数据.［J］.首都师范大学学报(社会科学版).2014,5：48-55.
［23］ 梅绍祖.个人信息保护的基础性问题研究.［J］.苏州大学学报(哲学社会科学版).2005,2：25-30.
［24］ 彭波.信息化视域下我国侦查模式的变革与完善.［J］.山东警察学院学报.2014,3：104-108.

[25] 彭知辉.关于公安情报概念的理解.[J].公安学刊.2007,1：58-62.

[26] 钱育之.知情权：犯罪嫌疑人的基本权利.[J].求索.2007,8：91-93.

[27] 邱爱民.论证据关联性的界定与判定.[J].扬州大学学报(人文社会科学版).2009,6：33-37.

[28] 斯进.手机话单分析信息碰撞技战法的应用研究.[J].信息网络安全.2011,7：63-68.

[29] 石佳友.网络环境下的个人信息保护立法.[J].苏州大学学报.2012,6：85-96.

[30] 孙晓柳.日本《番号法》探究.[J].长春理工大学学报.2014,8：59-61.

[31] 童兆洪,俞晓辉.证据：一个亟待重塑的概念——用自然科学的方法对证据的本质揭示、分析、重新表述.[J].法学. 2002,1：39-44.

[32] 万毅.转折与定位：侦查模式与中国侦查程序改革.[J].现代法学.2003,2：31-37.

[33] 汪兰香,陈友飞,李民强等.犯罪热点研究的空间分析方法.[J].福建警察学院学报.2012,2：16-20.

[34] 王电,杨永川.高危人员数据对象分析与数据挖掘研究.[J].中国人民公安大学学报(自然科学版).2009,1：75-79.

[35] 王利明.隐私权概念的再界定.[J].法学家.2012,1：108-120.

[36] 王利明.个人信息权的法律保护——以个人信息权与隐私权分界为中心.[J].现代法学.2013,7：62-72.

[37] 王燃.大数据时代个人信息保护视野下的电子取证.[J].山东警察学院学报.2015,5：126-135.

[38] 阎耀军.从古代龟蓍占卜到现代科学预测.[J].湖北社会科学.2006,3：101-103.

[39] 阎耀军,张明.犯罪预测时空定位管理系统的构建.[J].中国人民公安大学学报(社会科学版).2013,4：73-80.

[40] 余孟杰.产品研发中用户画像的数据模建——从具象到抽象.[J].设计艺术研究.2014,6：60-64.

[41] 易延友.美国联邦证据规则中的关联性.[J].环球法律评论.2009.6：95-104.

[42] 邹荣合.论侦查线索的分类.[J].公安学刊.2000,2：13-15.

[43] 张慧明.技术侦查相关概念辨析.[J].中国刑警学院学报.2012,4：20-23.

[44] 张晟.大数据打防多发性盗窃案件探析.[J].湖北警官学院学报.2015,10：33-37.

[45] 张新宝. 从隐私到个人信息：利益再衡量的理论与制度安排. [J]. 中国法学. 2015，3：38-59.

外文期刊：

[1] Byram, Elle. Collision of the Courts and Predictive Coding: Defining Best Practices and Guidelines in Predictive Coding for Electronic Discovery. Santa Clara Computer & High Technology Law Journal. 2012-2013, 29(4): 675-702.

[2] Brandon L. Garrett. Big Data and Due Process. Cornell Law Review Online. 2014, 99(10): 207-216.

[3] Crawford. Kate, Schultz. Jason. Big Data and Due Process: Toward a Framework to Redress Predictive Privacy Harms. Boston College Law Review. 2014, 55(1): 93-128.

[4] Citron, Danielle Keats. Technological Due Process. Washington University Law Review. 2008, 85(6): 1249-1314.

[5] Ferguson, Andre Guthrie. Predictive Policing and Reasonable Suspicion. Emory Law Journal. 2012, 62(2): 259-326.

[6] Joh. Elizabeth E. Policing by Numbers: Big Data and the Fourth Amendment. Washington Law Review. 2014, 89(1): 35-68.

[7] Kipperman, Alexander H. Frisky Business: Mitigating Predictive Crime Software's Facilitation of Unlawful Stop and Frisks. Temple Political & Civil Rights Law Review. 2014, 24(1): 215-246.

[8] Kelly K. Koss. Leveraging Predictive Policing Algorithms to Restore Fourth Amendment Protections in High-Crime Areas in a Post-Wardlow World. Chicago-Kent Law Review. 2015, 90(1): 301-334.

[9] Miller, Kevin. Total Surveillance, Big Data, and Predictive Crime Technology: Privacy's Perfect Storm. Journal of Technology Law & Policy. 2014, 19(1): 105-146.

[10] Myers. Laura, Parrish. Allen, Williams. Alexis. Big Data and the Fourth Amendment: Reducing Overreliance on the Objectivity of Predictive Policing. Federal Courts Law Review. 2015, 8(2): 231-244.

[11] Redish. Martin H., Marshall, Lawrence C. Adjudicatory Independence and the Values of Procedural Due Process. Yale Law Journal. 1986, 95(3): 455-505.

[12] Tingen, Jacob. Technologies That Must Not Be Named: Understanding and Implementing Advanced Search Technologies in E-Discovery. Richmond Journal of Law & Technology. 2012,19(1): 1-49.

报纸文章:

[1] 陈小江.数据权利初探.[N].法制日报,2015-07-11.

[2] 黄欣荣.大数据时代的哲学变革.[N].光明日报,2014-12-03(15).

[3] 孙晓敏.厘清"侦查技术"与"技术侦查".[N].检察日报,2013-05-27(03).

[4] 谢文英.北京:"检立方"吸引代表眼光.[N].检察日报.2014-11-24.

[5] 谢君泽.大数据时代下的司法变革.[N].民主与法制时报.2014-11-03.

非出版物:

[1] 国务院.国务院关于印发促进大数据发展行动纲要的通知.[Z].北京:国务院,2015.

[2] 工业和信息化部电信研究院.大数据白皮书.[Z].北京:工业和信息化部,2014.

[3] 贵阳大数据交易所.2015年中国大数据交易白皮书.[Z].贵阳:贵阳大数据交易所,2015.

[4] 腾讯研究院.南京市公安局与企鹅合体,用的是什么"姿势".[Z].北京:腾讯研究院,2016.

[5] 无锡市人民检察院.建设智慧侦查指挥中心 努力实现反贪侦查模式转型新跨越.[Z].无锡:无锡市人民检察院,2015.

[6] 陈琴.网络犯罪的发展趋势与应对.[Z].北京:腾讯研究院,2015.

[7] 李华伟,李思瑶等.职务犯罪大数据侦查实证研究."2015互联网刑事法制高峰论坛"会议论文集.[Z].北京:腾讯研究院,2015:230.

[8] 沈海洪.电子取证成果在自侦审讯中的运用.[Z].无锡:无锡市人民检察院反贪局,2015.

[9] 王宁.知道吗?我们原来生活在"数字阴影"和"平行宇宙"中.[Z].北京:新经济智库大会,2016.

网络资料:

[1] 曹建明.做好互联网时代检察工作的"+"法.[EB/OL].人民网 http://legal.

people. com. cn/n/2015/0704/c188502-27253053. html.

[2] 刘太刚. 阿里巴巴的大数据有多可怕?. [EB/OL]. 中国金融信息网 http://life.xinhua08. com/a/20141010/1395787. shtml.

[3] 孟建柱. 要善于运用法治思维和法治方式领导政法工作. [EB/OL]. 人民网 http://politics. people. com. cn/n/2014/0422/c1001-24930131. html.

[4] 单志广. 关于促进大数据发展行动纲要解读. [EB/OL]. 新华网 http://news.xinhuanet. com/info/2015-09/17/c_134632375. htm.

[5] 张程. 国务院力推大数据 大数据交易标准年底完成初稿. [EB/OL]. 新浪网 http://tech. sina. com. cn/it/2015-10-08/doc-ifxirmqc4920515. shtml.

[6] 大数据能预测哪里易发犯罪. [EB/OL]. 新浪网 http://news. sina. com. cn/o/2014-06-23/141930407753. shtml.

[7] 广东省率先启动大数据战略 相关工作正有序进行. [EB/OL]. 中国政府网 http://www. gov. cn/gzdt/2012-12/06/content_2283845. htm.

[8] 互联网上一天：发 2940 亿邮件 下载 3500 万应用. [EB/OL]. 腾讯网 http://tech. qq. com/a/20120306/000306_2. htm.

[9] 李克强作政府工作报告. [EB/OL]. 新浪网 http://news. sina. com. cn/c/2015-03-05/105331571230. shtml? qq-pf-to=pcqq. c2c.

[10] 流感防治和大数据. [EB/OL]. 外滩画报网 https://www. baidu. com/link? url=NPhc2v12NwSpGWakcE4IdXSmoBsrYnEnY0Cf4FKQ30dpcLqckaoIEBq5RKzTLr3tXylYOafGhMkz-Bqmgqyyfa&wd=&eqid=b3521471000923d90000000355fcd1a1.

[11] 美国：大数据国家战略. [EB/OL]. 中云网 http://www. china-cloud. com/yunzixun/yunjisuanxinwen/20140107_22578. html.

[12] 盘点：五年十大严重信息泄露事件. [EB/OL]. 新浪网 http://tech. sina. com. cn/s/2014-07-25/07569516508. shtml.

[13] 深圳打造智慧城市 打击信息诈骗看好腾讯大数据. [EB/OL]. 南方网 http://www. cww. net. cn/UC/html/2015/6/18/20156181548289083. htm.

[14] 司法走进大数据时代,55 岁是离婚诉讼的神奇分割线. [EB/OL]. 浙江在线网 http://zjnews. zjol. com. cn/system/2013/11/09/019695246. shtml.

[15] 上海推进大数据研究与发展三年行动计划(2013—2015 年). [EB/OL]. 上海科技网 http://www. stcsm. gov. cn/gk/ghjh/333008. htm.

[16] 武汉 12.1 爆炸案告破 新浪微博网友及时发布消息. [EB/OL]. 新浪网 http://

hb. sina. com. cn/news/m/2011-12-16/27337. html.

[17] 新浪科技. 快速锁定恐怖分子新招数：绘制“联系人网络图”. [EB/OL]. 新浪网 http：//tech. sina. com. cn/d/i/2015-12-01/doc-ifxmazmy2303998. shtm.

[18] 浙江高院与阿里合作 法律文书寄到淘宝收货地址. [EB/OL]. 搜狐网 http：//news. sohu. com/20151124/n427933546. shtml.

[19] 中国互联网络信息中心(CNNIC). CNNIC 发布第 37 次中国互联网络发展状况统计报告. [EB/OL]. 新浪网 http：//tech. sina. com. cn/i/2016-01-22/doc-ifxnuvxh5133709. shtml.

[20] 证监会通报对利用未公开信息交易的执法工作情况. [EB/OL]. 证监会网 http：//www. csrc. gov. cn/pub/newsite/zjhxwfb/xwdd/201412/t20141226 _ 265701. html.

[21] 证监会通报针对内幕交易的执法工作情况. [EB/OL]. 证监会网 http：//www. csrc. gov. cn/pub/newsite/jcj/gzdt/201502/t20150226_269077. html.

[22] 12306 用户数据泄露超 10 万条 或由撞库攻击所得. [EB/OL]. 腾讯网 http：//tech. qq. com/a/20141225/052603. htm.

[23] 北大法宝裁判文书网 [DB/OL] http：//caseshare. cn/search/keywords? Keywords.

[24] 数据堂网 http：//www. datamall. com/.

[25] Black box. [EB/OL]. 维基百科网 https：//en. wikipedia. org/wiki/Black_box.

[26] CRISP-DM. [EB/OL]. 百度百科网 http：//baike. baidu. com/link? url = 5K0conEgO7H9Y4YMLiP9Rw3VktAZTqN0HPItCK9ytFe6bLVwh5w-CpmB-MofeWCxi_vgqPsdvqlCCPGsq1rvsK.

[27] 云存储. [EB/OL]. 百度百科网 http：//baike. baidu. com/link? url = AeepGk3N9UEJycUwqbwngy3xkuRGFUK2fZiX1tjV7y5KYh04zHMQek27hmNNmqCGZZn1SzB5FO2D4Au0KkNVuq.

[28] Data for Boston investigation will be crowd sourced. [EB/OL]. CNN http：//edition. cnn. com/2013/04/17/tech/boston-marathon-investigation/.

[29] 60 Minutes：40 Million Mistakes：Is Your Credit Report Accurate? . [EB/OL]. CBS television broadcast. http：//www. cbsnews. com/8301-1856o _ 162-57567957/credit.

后　记

老师说后记一定要写入学时的故事，这让我不禁想起在人大走过的几载春秋，从一个拎着行李箱的青涩少女到如今能通过博士学位论文答辩的人大博士研究生，我走过了整整五年的路程。这期间我的每一点进步都得益于人大各位老师的不倦教诲，得益于各位同学的鼎力相助，感谢冥冥之中的这种缘分，让我走进人大，并深深地融入其中。

想起在山东大学本科大二时我对民事诉讼法产生了浓厚的兴趣，当时教我们民诉课程的张海燕老师也是人大毕业的博士生。就是因为她经常跟我们说起人大法学院的故事，让我不知不觉对人民大学产生了无限的憧憬，美好而遥远。本科时用的证据学课程教材及法律英语教材是何家弘老师编著的，当时还纳闷儿这会不会是同一个人呢，后来得知何老师竟然还会写侦探小说，心中油然升起敬佩之情。没想到，自己竟然有一天成为何老师的学生，这是当初连做梦也没敢想过的事啊！

想起研究生入学考试，我原本的意向是民事诉讼法，意外被调剂到了证据学科，抽签时又有幸抽到了何老师成为自己的导师，真是说不出来的欣喜与激动。记得新生见面会一结束，刘品新老师就把我们几位新同学留下来，送给了我们一人一本《证据法学》，从那时起，研究生的学习生涯正式开始。

想起硕士两年的学习生活紧张而充实。一入学我便接手了德恒证据学论坛的录音整理工作，跟着何老师参加刑事错案项目，去青岛调研，去长春开会。在何老师的指导下，硕士期间还写了几篇有关刑事错案的小文章，居然发表了，更激发了我浓厚的学术兴趣。我深深体会到，开了好头是坚持走下去的关键。博士生考试时上天又一次眷顾了我。2013 年我顺利成为何老师门下的博士生。在攻读博士的三年里，何老师带我参加了《迟到的正义》《外国司法判例制度》等书的写作。论文写作期间，何老师给予了莫大的鼓励和支持，不厌其烦地解答我的疑惑。尤其是毕业在即到处投简历找工作那段时间，何老师的鼓励让我终生受用，每次面试、试讲之前，老师都反复叮嘱我要再自信一些，声音再洪亮一些。这时的何老师是恩师，更是长辈，给了我勇气、希望和温暖。

想起刘品新老师，刘老师平日一直视我为自己的学生来要求。说实话，在这五年时光中，我前三年都挺怕他的，因为他对我们学生的要求特别严格。后来时间久了，发现刘老师其实是个幽默、风趣、才华横溢的人，而且他是我见过的智商最高的老师（没有之一）。他的思路与常人不太一样，总是能给我们一团糟的论文拎出一条清晰的逻辑主线。这五年来，刘老师带我做过的项目不计其数：司法判例项目、刑事错案项目、电子商务立法项目、网络安全犯罪项目，等等。如今还经常回忆起我们与老师在709教室边吃饭边汇报工作的场景。我的毕业论文题《大数据侦查研究》也得益于刘老师的建议。当时大数据尚未如此火热，也还没有国家大数据战略，但刘老师彼时即认为大数据至少在未来十年都会成为主流，极力建议我写此题。如今时代的发展已然证实了刘老师独到的眼光。

想起论文写作过程中，刘品新老师给予我太多的帮助和鼓励，出差时搜集各种实务资料，有什么新的想法也建议我赶紧写入论文中，耐心地给我提出修改建议。当然，要想得到“傲娇”的刘老师的肯定是非常不易的。至今还记得元旦时初稿交上去后刘老师失望的目光，直至批阅数月、增删五次后老师才算勉强满意过关。那也是写论文最黑暗的一段时光，一个人在709教室没日没夜地写论文，直到农历年的前一天。当时修改论文时对刘老师真是又恨又暗暗佩服，现在回想起来，还是从心底里感激刘老师！

想起李学军老师，李老师是教研室为数不多的女老师之一。她温柔、细腻，同时又不失威严，总是能令我们感受到母亲般的关怀。至今还记得2012年我参加“证据好声音”演讲，当时非常紧张，是李学军老师的一席话替我解了围，缓解了紧张的情绪。李老师给我们最深的印象就是特别真诚，无论是讲课还是课下相处，李老师的一言一行都格外用心。无论什么时候给李老师发短信，总是能收到她认真的回复。记得有一年中秋节时李老师给我们每一位同学都发了祝福短信，让我们在外的学子心中倍感温暖。论文预答辩时，李老师指出了我文章中一个较大的漏洞，对文章中格式不规范处甚至是错别字，都一一指出，真的非常感激！

想起证据学教研室这个大家庭给了我太多温暖的回忆。刘晓丹老师、邓矜婷老师、谢君泽老师、毛自荐老师、许明老师都曾给了我学习和生活上无私的帮助。谢君泽老师是电子取证专家，他对大数据也很感兴趣，经常与我切磋观点，给论文写作带来了不少灵感。感谢季美君师姐、郭欣阳师姐、刘为军师兄、廖明师兄、梁坤师兄、杨建国师兄、张晶师姐、马啸师兄等前辈，对我这些年学习和生活上的照顾和帮助。感谢张晓敏、徐月笛、朱梦妮、张洪绪、翟李鹏、黄健、卞嘉虹、刘译矾、张艺贞、宗元春等同窗好友的关心。尤其感谢好朋友张艺贞，读博期间有她的陪伴，我们共同度过了许多快乐的时光！感谢刘品新老师和谢君泽老师所带领的电子证据团队，为我论文的写作提供了大量的素材和技术指导。

有时候真的不得不感慨缘分的奇妙。硕士入学伊始，我在证据学论坛上认识了王乐园同学，他后来竟然成了我的先生。还记得去年七月份刚刚动笔写作时的焦灼与惶恐，正是他的开导，我才安然度过那段时光。在我找工作期间，他总是推掉手头的工作，请假去陪我面试、送材料。我的父母一直以我能考上博士而骄傲，一直自豪地对别人说“我女儿是博士！”他们可能已经无法再为我的学习提供更多的帮助，但是妈妈每天都会打电话叮嘱我的吃穿用度，让我写论文不要太累了；有一段时间我着急上火脸上长痘痘，爸爸还专门配了中药寄过来。或许，这就是父母对孩子的爱吧。还要感谢我的舅舅龚向柏，他是一名法学功底深厚的基层检察官。当年，正是舅舅引领我进入法学之门，从本科到博士阶段，舅舅一直是我最亲切的“法学老师”。

我还要感谢我自己，认识我的人都知道我有一项爱好——花样滑冰，至今已练习三年有余。论文写作期间，迫于时间紧张，曾一度想放弃。但仍然咬牙坚持了下来，每周两次的滑冰训练是我最快乐的时光，在冰上放空一切，专注于花样滑冰的力与美。花样滑冰给了我健康的体魄和积极向上的正能量，让我在论文写作期间一直保持良好的身心状态。

感谢人生让我有着许许多多经历，有欢笑也有泪水，有成功更有艰辛，无论结果怎样，都是收获，是成长的历程。我感谢我的老师、同学、朋友们，感谢我生活几年的中国人民大学，在接下来的生活中，无论我在哪、从事什么工作，这几年的时光都是我巨大的财富，它拓展了我的视野、丰盈着我的心灵、照亮着我的人生之路。